不管现在的你，处境有多么艰难，
一定都可以改变，过着自在幸福的人生。

HAPPINESS

找回
自己和爱

RESIGNATION LETTER
start

媳妇的
辞职信

在婚姻里我选择不做媳妇

勇敢抛下家庭束缚后，奇迹竟一一出现

［韩］金英朱———著 刘小妮———译

北京联合出版公司
Beijing United Publishing Co.,Ltd.

身为媳妇、妻子、妈妈的女人们，
你们过得好吗?

女人婚前和婚后的人生是截然不同的。婚前，女人跟男人关系对等，可以表达自己的意见，过着自主的人生。一旦结婚，为了成为好妻子、好妈妈、好媳妇，女人只能是公婆的媳妇、先生的妻子、小孩的妈妈。不知不觉中，女人不只是失去了自己的声音，甚至自我也遗失了。

现在女性在外工作的比例和时间急速增加，但男性参与家务的时间和过往相比并没有太大的差别。女人要赚钱，要照顾小孩儿，要准备早餐，还要代替先生孝敬公婆。每到了节日，对已婚女性来说，便是压力大到会得"假日综合征"的日子，再加上根深蒂固的父权观念束缚，女性在这些角色中无法逃脱。背负着这些角色的女人们，即便痛苦也不知道问题在哪里，因此即使想解开痛苦的线团，也只会让状况更加混乱，挫折感倍增。

我并没有女性学的专业背景，但我的夫家是个以男性为尊的大家族。长年来，我的主妇生活让我清楚了解，女性背负的压力和不合理。于是我决心摆脱夫家的束缚。我跟公婆提交了媳妇辞职信，也对先生提出离婚的要求，还把大学毕业了的儿子和女儿送出家门，让他们学习独立生活。当我做了这些事之后，事情开始发生变化了，而这些变化真的可以用奇迹来形容。我从顺从和牺牲的角色中走出来，再次找回了自我的主导权。和夫家以及先生也从垂直的顺从关系变成水平的平等关系，我再次找到我的鞋子，还有我的声音。

我的力量源自于每天晚上做的梦。从小到大我几乎不曾和任何人吵架，并非因为我是个和平主义者，而是因为我很胆小，所以总是选择逃避。不知不觉中，我认为自己的存在是渺小又卑微的，总觉得自己没用。但当我理会到梦的语言之后，我听到了自己遗失许久的声音。过去的梦告诉了我"我是谁"，在这里遗失了什么，又为什么如此痛苦。找到问题并解决之后，我重新获得力量，也开始付出行动。我通过梦这个内在的世界，学会了在现实世界活下去的智慧。

　　我的故事说起来极为惭愧。懵懵懂懂就步入了婚姻，婚后的日子，就像生活在黑暗漫长的隧道。我身在其中，来回徘徊不停，被困得喘不过气来，但却回不去也走不出来。当时，我真的很想听听那些走出来的人的故事。所以，我鼓起勇气写出这本书，就是为了帮助像过去的我那样，在婚姻中感到寂寞痛苦的人。每个人都具有改变人生的力量，不管现在的你处境有多么艰难，一定都可以改变，过着自在幸福的人生。我只是想传递这个想法。

　　这本书描述的是一个软弱女人，在婚后所遭遇到不合理的事，以及改变自己人生的故事。

　　我的女儿和儿子不知不觉已来到二十岁的后半段，不久的将来也要变成他人的妻子和丈夫。我希望他们各自结婚后，都能和另一半过着尊重且平等的夫妻生活。特别是1993年出生的女儿，我真心希望，即便是婚后，她也不会失去身为女性的声音，过着平和的人生。我就是保持着这样诚挚的心来描述我个人的惭愧故事。

　　再次表明，本书的内容是我个人主观的经验和解析。

英朱

2018 年 1 月

目 录

PART 3　不当媳妇之后

CHAPTER 1　展开一人份的人生

PART 1

媳妇的辞职信

CHAPTER

1

决心不再当媳妇、妻子和妈妈了

对不起，我不要再当媳妇了

　　这已经是五年前的事情了。我交给公婆一封不再当媳妇的辞职信。那时正好是中秋节前两天。这个想法并非长时间深思熟虑后做的决定。其实当时的我，在某种程度上早就摆脱了所谓媳妇的过节压力。但越靠近中秋节，我还是会感受到一股小小的压迫感。在那一刻，我突然连这种压迫感也想通通摆脱。当然我也会怀疑自己是不是太过贪心了。因为从好几年前开始，过节或祭拜时需要的食物大多数都是买的，我只需准备汤和饭而已。

　　就这样，我独自一人想了又想，在职场上不管工作再久都可以辞职，为什么媳妇这个角色不想当的时候，却不能那样做呢？即使有离婚，也从没听说过"媳妇辞职"。难道不想当媳妇，只有离婚或死亡这两种方法吗？我不想通过这两种方式结束媳妇的角色，我只是想脱下"媳妇"这件外衣。

　　我想："从没有人写过媳妇辞职信也没关系，就让我来做吧！"一有这样的想法，我立刻写了一封辞职信，决定不当媳妇了。那是中秋节前两天的晚上，我拿着上面写着"媳妇辞职信"的信封，去了公婆家。信封内什么也没有。我原本想写不想当媳妇的理由，后来还是作罢。因为原因就只有，再也不想当媳妇而已。

从我住的地方到公婆家，车程约十分钟。因为临近中秋节，路上车非常多。坐在公车上的我，因为害怕和紧张，双手抖个不停。"你身为长媳，有让你做过什么费力的事吗？你怎么可以这样做……"我可以想象自己将会被如何大声斥责。我甚至还做好被公婆甩巴掌的准备。不，应该说不管等一下会发生什么事情，我都心甘情愿地接受。

我站在公婆家门前时，感觉心脏都快跳出来了，我先做了个深呼吸才走进去。公婆看到媳妇在中秋节前就来访，极为讶异，他们问我："这么晚了，有什么事情吗？"我感觉公婆多少也有点紧张了。我走进客厅之后，马上拿出那封写着"媳妇辞职信"的信封交给他们。公公把信封里里外外看了看。

"这是什么呢？"

"对不起，我不要再当媳妇了。"

公公好像忘记要说什么话似的，陷入了沉默。我低着头，就像脖子靠在刀刃上，正在等待处决的死囚。就这样，在一阵寂静之后，我听到了公公平静的声音：

"你辛苦了。我只顾着叔公跟姑婆们，却没有好好照顾你们。"

公公停了一下，又接着说：

"你就做你想做的吧！你们过得好就行，我们自己会过好，不用操心。过去真的让你受苦了，我身为爸爸真的很抱歉。"

听到公公说出让我完全意想不到的话后，紧绷的情绪一下子释放开来，眼泪忍不住流了下来。

"不是的，我也没做好……"

我舒了一口气后，鼓起勇气继续说：

"长期以来，我都被长媳这个角色沉重地压迫着。我不想再当媳妇了。爸爸、妈妈，真的非常抱歉。"

这时候，坐在旁边的婆婆说：

"我们自己会过得很好。你们夫妻跟孩子们好好过吧！我一直很感谢你对我们的费心。从现在起，你照顾好自己，不用担心我们。"

公婆的宽容态度，让我哽咽了。他们的心一定受伤了，我感到非常抱歉和内疚。

"无论什么时候，你想来的时候都可以来。不管是十年，还是二十年后，你内心没有负担的时候再来。不来也没关系。"

就这样，我们多聊了几句后，彼此就无话可说了。于是，我起身离开。

"过去这段时间，真的非常感谢你们。我走了。"

放下担任了二十三年的长媳角色，并没有花很多时间。我走出公婆家时，感觉卸下了肩膀上扛着的巨大行李，但内心却没有变得轻松。不，反而还因为复杂的心情和紧张感同时释放而感到全身无力，异常空虚。

如此简单、如此轻易、如此快速地就可以不用再当媳妇，令我感到空虚。同时，我也因为对公婆感到极为抱歉而痛苦。如果被他们骂或甩巴掌的话，或许我现在心情会好些。我好像对八十岁高龄的公婆做了罪大恶极的事，一直无法摆脱罪恶感。

我走到大马路上，看着正在为中秋节忙碌准备的人们，不知道该如何抚平内心的凄凉。

两天后就是中秋节了，这是我婚后第一次不用到公婆家过节。但即使不去公婆家，也无法带着老公跟小孩回娘家。

还得告知娘家妈妈，短时间内我不会回去了。我想我的母亲不会认同我的做法，但她一定会站在我这边，她一定会问我，过去是承受了多少痛苦才决定这样做？她一定可以理解我。

当初我要跟先生结婚的时候，母亲是最反对的。因为先生是大家族的长男，公公那一辈有九个兄弟姐妹，还有祖父母。妈妈是长媳，她知道身为长媳有多辛苦，因此极力反对，不希望自己的女儿也受苦。最后，她是看到我对先生的信任和爱，以及公婆人很好，才答应这门婚事。

我在对公婆的罪恶感尚未消除的时候，打电话给母亲。母亲听我说完后，吓了一跳，突然提高音量说："你怎么可以那样做？"母亲的反应跟公婆截然不同，反而让我不知所措。

"你怎么可以对那样好的公婆做出这种事？"

母亲的态度好像我犯了什么大逆不道的罪一样。

"你不可以那样做！"母亲更加生气地说。她不听我的解释，也没问我为什么会做出这个决定，只是充满愤怒。音量越来越高，斥责的话没间断。母亲希望我去弥补，当这件事情从没发生过。直到我对着母亲说，如果她不停止发脾气，也不听我说的话，那我也不再当她女儿，母亲才停止。她总算没那样生气了，但依然重复着劝说的话：

"你那样不行，对亲家实在太抱歉……该怎么办呢？我实在没脸见亲家和女婿了。"

　　我向母亲传达我把信交给公婆后，他们对我说的话，希望她不用担心，没想到反而让她更感到过意不去。

　　"为什么妈妈要觉得抱歉呢？我公婆可以理解，还希望我能过得自在幸福，为什么你却要我继续忍耐和牺牲呢？"

　　"即使是那样，他们对你那么好，你怎么能做出这种事？"

　　母亲直到最后，还是希望可以说服我回心转意。

　　"你不可以那样做啊！怎么办呢……"

　　母亲好像面临世界上最难堪的事情似的，最后实在不知该如何解决的母亲跟我说："你不去婆家的话，那也不要回娘家了。我没脸见女婿。"

　　我只说知道了，就挂了电话。

　　关于这件事情，不只是母亲无法谅解。

　　我的先生把媳妇辞职信的事告诉了他的朋友。那位朋友偷偷劝先生："你呀，干脆离婚。"理由是，绝对不能跟对公婆做出这种事的女人一起生活。

　　甚至跟我一样同为长媳，长久以来和我关系极为亲密，最能够理解我处境的一位年长女性朋友听到后，也是对我气愤地说："有谁是自己想当媳妇才当的吗？"

　　好像全世界都在反对媳妇辞职这件事。即使如此，我也不后悔。我当了二十三年的媳妇，虽不敢说自己做得很好，但能做的全做了，我没有亏欠谁。当了二十五年妈妈的乖女儿，又当了二十三年的媳妇、妈妈、妻子。剩余的人生，我要为自己而活。

我不想再跟你生活，
只能到此为止了

 在写媳妇辞职信前的一年五个月左右，也就是 2012 年 5 月 22 日，我跟先生提出了离婚的请求。为什么我可以这样清楚记得这个日期，因为前一天正好是儿子去当兵的日子。考虑到儿子要当兵，心情不好，我才把这件事延后到儿子入伍之后才说。为了送儿子入伍，我们全家人一起出门，送他到晋州的空军教育司令部。当时我内心想的都是，第二天要跟先生提离婚。

 举办入伍仪式的 5 月份，风和日丽，阳光还有些刺眼。入伍仪式的最后一项是安排军人为给儿子们送行的父母现场演唱军人歌手金光石[1] 的《二等兵的书信》。为了不让儿子看到

---

[1] 金光石，韩国歌手，1964 年 1 月 22 日出生于韩国大邱，1996 年 1 月 6 日因抑郁症在家中自缢身亡，时年三十二岁。

我忍不住流下的眼泪，我赶紧戴上太阳眼镜。

在回家的路上，我在车内还是无法停止流泪。并非因为想念儿子，而是因为想到离婚之后，家就要破碎了，百感交集。不知缘由的先生看到我哭个不停，觉得很惊讶。我望着车窗外的风景，仿佛看到我过往人生如走马灯似的转瞬而过。一路上，我的眼泪流个不止。即便这么难过，我却更加坚定，第二天一定要向先生提出离婚。

第二天，就跟平常一样，我和下了班的先生一起吃晚餐。我就像聊着轻松话题似的平静地提出离婚。

"我不想再跟你生活，我们好像只能到此为止了。"

我可以这样平静地跟先生说出这句话，其实花了好几年的时间。这句让我害怕得发抖的话，在说出口之后，心反而平静下来了。我脸上带着微笑，并非悲壮的心情，而是舒坦爽快的感受。

跟我的笑容不同，先生就像被铁锤敲到似的，整个人愣住了，脸色瞬间变得晦暗、沉重。先生从我的态度和眼神中看出，我是铁了心做的决定，于是什么话也没说。就这样，沉默了好一阵子。等先生回过神之后，说了几句要彼此好好想清楚之类的话。但我不管听到什么，内心都没有动摇。

从那天之后，先生开始努力想说服我：

"你要怎样生活下去呢，你以为女人一个人生活非常容易吗？""这世界这么险恶，为什么要一个人生活？""你真的太不懂人情世故了。"等等。

就这样过了一周。某天，先生喝醉酒后开始威胁我。他说他苦恼了一周，并用沉重的表情对我说：

"我要去自杀！"

"你为什么要死？"

"这个家，好像只要我不在就可以了。"

"你不会死的！"我大声地回答，"人不可能那么容易死。"

"你怎么知道？我就是要去死……我不要离婚，如果你坚持离婚，那我除了去死，还能怎么做？"

"你绝对不会死。你知道为什么吗？因为如果你真的要去死，根本不会跟我说。再说了，就算你死了也跟我没关系。"我又接着强调，"因为离婚就要去死，根本不像话。如果你真的因为这样就想去死，那我更加无法跟你一起生活。"

先生无论是威胁还是劝说都无法改变我的心意。他发现无论怎样说都无法改变我的想法后，就像留下遗言似的站起来说要去死。

"谢谢你当我的妻子。跟孩子们好好活下去，跟孩子们说爸爸对不起他们……"

先生站起来后，又说了一句话：

"你好好活下去。"

或许先生是希望我能拉住他，站起来之后停留了一下，但我并没有这么做。那时候已经是凌晨一点多了，先生走出家门后，我的心怦怦跳个不停，不知道该怎么办才好。"他该不会真的出事吧？""我是不是该把他找回来？"……各种想法缠绕在脑中，我很担心也很不安。但心情稍微平静后，我相信面对这件事，先生虽然痛苦，但不至于会去死。果不其然，凌晨五点左右，他因为醉得不省人事，被朋友带回来。

又过了几天。先生说有话要跟我说，于是我们一起吃晚餐。他还特意买了我喜欢的烤鳗鱼，看我吃得很开心，还说以后可以常常买给我吃。接着，他说过去没有好好待我真的很抱歉，希望我可以给他机会，他要变成全新的先生好好待我。他当然知道光说没用，必须要有实际行动。

于是，我提出的条件是，首先"马上跟公婆分开住"。当时我们和公婆住在同一幢楼，公婆家在楼上，这对我来说跟住在一起一样。如果不想离婚的话，那么就先搬家，我要住在属于自己的家。第二件要做的事情等搬到新家之后再说。

先生显得极为痛苦。要他搬离公婆家，就好像是叫他去犯罪似的。这件事，让他觉得自己对不起父母，但如果继续这样住下去，那就只得离婚。因此他一定要有所选择。

最后，先生同意搬家，但还是因为各种理由拖延了许久。

先生说如果突然跟公婆说要搬家，他不知道该用什么理由解释。他希望在没有伤害到公婆的情况下搬出去。当时，我只要可以搬离那个地方，无论大家怎样看都无所谓，一心只想着快点搬出去。因此，我跟先生提议，就跟公婆说我得了忧郁症，如果能每天爬山，对于治疗忧郁症是很好的方法，所以必须搬到离山比较近的地方。正好那时候公公朋友的媳妇得了严重的忧郁症，周围也曾听说有人因忧郁症而痛苦。于是，公婆对我们要搬家的事情没有多说什么就答应了。

我们终于搬家了。搬到新家之后，我跟先生提出第二项要求。为了让身为夫妻的我们可以好好生活下去，我要求先生接受以下三个提案。

三个提案

1.好好听妻子说话

不管多难过的、痛苦的、辛苦的、受伤的所有事，先生都要好好听妻子说。听的时候，不用辩解，不用指示，也不能指责，不可以说："我知道了，不要再说了。"只要专心听妻子把话说完就可以。

2. 不要觉得妻子该扮演什么角色，妻子也是人

媳妇、妈妈、妻子、主妇等所有角色，我只会在我想做的时候做，也只会做到我想做的程度。

就像先生对娘家没有义务一样，媳妇对婆家也没有义务。

尊重彼此的私生活。

就像先生可以自由参加足球或高尔夫等各种活动或聚会一样，妻子也可自由地学习和旅行，参加各种活动。妻子不会干涉先生的行为或抱怨，先生对妻子的行为也不能干涉或抱怨。

3. 接受夫妻咨询

为期至少一年，一周一次，夫妻两人一起参加咨询。这个必须是优先要遵守的事情。

因为作为平等的夫妻，彼此之间有什么问题，又要如何理解彼此才能建立良好的关系，这些都需要客观的第三者帮忙。

　　先生对于以上内容未来两年都要诚心诚意执行。如果有其中一项没有切实执行，那就必须同意跟妻子离婚。

　　离婚的时候，房子必须无条件留给妻子。

2012 年 9 月 10 日

　　先生：

　　妻子：

　　先生对以上的提案全部接受，也付出了实际行动。

这个监狱，怎么这么难走出去

　　下面的两件事，是让我下定决心离婚的关键。第一件事发生在儿子要去当兵之前。我从先生口中得知，亲戚们（公公的弟妹们）要在聚会时给即将去当兵的长孙红包。先生要求我跟儿子一起过去，即便我表明不想参加，先生还是一再要求我。最后没办法，我只好说我已经有约了。先生说："我也有其他事情，还不是取消了。不要这样，我们一起去吧！"最后，我只能同意。

　　当夫家亲戚们在外面聚餐时，因为我们夫妻是长男和长媳，所以必须留到最后，等聚会结束后送公婆回家。我因为不能喝酒，跟长辈们也没什么话题可聊，每次都像代理司机似的坐在角落等待结束。小叔夫妻的家比较远，而且孩子也比较小，总是先离开。大姑家跟我的一对儿女也是想离开的时候就走。先生得留到最后，而我要帮忙开车，所以对我来说，根本没有选择的余地。因此，我很讨厌夫家的聚餐。因为我是长媳，所以必须参加。即使聚餐时间很长，也无法先离开。夫家亲戚的聚餐又不是什么正式活动，我实在不想参加。

"为什么我一定要参加？你去不就可以了吗？"

"因为是家族活动，所以夫妻要一起去。"

"我何时没参加过家族活动了？但现在就连普通的聚餐也要去，我真的不想参加。"

"你以为大家都是想去才去的吗？"

"那你也不去不就行了？"

"大家是因为儿子才聚在一起的，我们夫妻不去像话吗？"

"他又不是小孩了，让他自己去会怎样吗？而且爷爷奶奶也会去。"

"再怎样说，大家都是因为孩子才聚在一起的……"

"我没有非去不可的理由，我不去！"

因为我坚持不去，先生提高声音对我大喊：

"因为你是媳妇，所以一定要去！"

先生的话就像砖头一样飞过来，狠狠敲到我头上。

"啊，因为是媳妇……"

因为是媳妇，所以我才没有选择权吗？在夫家，我到底算什么？所谓的媳妇，所谓的妻子又是什么存在呢？对于女

人来说，结婚是什么？我为什么跟先生一起生活？我开始认
真思考这些问题。

　　第二件事跟搬家有关。

　　当时我们住在公婆家楼下。会跟公婆住在上下楼，是我
的过失。结婚后，我花了八年时间才搬离公婆家。而八年后，
我们又再次搬回来[1]。

　　那时候儿子正好小学毕业。当时住的地方离要上的中学
很远，儿子上学很不方便，需要搬到离学校比较近的地方。
那时候，我们每天都去看房子。当时的房价是睡一觉起来就
马上涨 1000 万 ~ 2000 万韩元[2] 的时期。找了一周之后，我们
发现根本不可能住在学校附近。即使卖掉当时住的房子，要

1　作者主要事件时间轴：
　　1988 年，遇到先生，谈恋爱。
　　1989 年，结婚。
　　1997 年，结婚八年后，第一次成功从公婆家搬出来，但必须每个周末带
　　小孩去公婆家。
　　2005 年，跟公婆分开住了八年之后，为了儿子上学方便，搬到公婆家楼
　　下的公寓。
　　2012 年 5 月 22 日，跟先生提出离婚要求。
　　2012 年，从公婆家楼下的公寓搬出来。
　　2013 年中秋节前两天，向公婆递交媳妇辞职信。

2　约合人民币 60000 ~ 120000 元。

买到学校周遭的房子，资金还是远远不够。

当时公婆刚入住的公寓离儿子的学校也不远，而且刚好楼下还有一户尚未卖出。问了房价，可以用先生的退职金[3]以全租房[4]租下。由于我不想再搬到公婆家附近，因此那个地方一开始就被我排除在外，可是，当时又没有其他可选择的地方。

那里的房子，当初公婆刚搬过去的时候，我就很喜欢。房间很大也很坚固，不只是学校，离市场也很近，交通便利。孩子们每次去公婆家，都会说想住在这样的房子里。这里比之前住的房子又多了一个房间，一共有四间房。小女儿总是抱怨，自己因为年纪最小使用的房间也最小。如果搬来这里的话，女儿就可以用大一点的房间，而最小的房间我可以自己用。一想到不用再把厨房的餐桌当成我的书桌，就什么都无所谓了。这里是我梦想的空间，对我来说实在有很大的诱惑。

只是当时公婆就住在楼上这一点让我很介意。不过，虽

3　韩国退职金在《劳动退职工资保障法第 8 条》"雇主应将 30 天以上的平均工资定为退职金支付给连续工作期间满 1 年的退社劳动者"。

4　全租是韩国独特租房方式。必须一次付给房东一大笔钱，金额约为房子总价的 50% ～ 70%，之后在合约期间都不用缴房租，只需自理水电费、燃气费、管理费等。期满后，房东需要把这笔金额全数退还。

然是同一栋公寓，但楼层不同，应该不会有什么问题吧！我就这样说服了自己。

　　第一次搬离公婆家的时候，先生身为长男，对于无法跟公婆同住一直怀着罪恶感。因此，好几次跟我提到，将来公婆年龄更大时，一定要再搬回去。我表面上虽然反对，但心里也默默接受了。万一真的不得不再跟公婆同住，我不想住在同一个屋檐下，住在附近就好。还有，已经分开住八年多了，我也以为自己已经不再是那个事事顺从的媳妇。没想到，一搬到公婆家楼下，就发现跟之前同住时没有任何差异。

　　我万万没想到，即便隔了一层楼，也有那么多问题。要搬进去的时候，大家很欢迎，条件也很合理。等到想搬出来时，这一切都成了阻碍。因为搬离是我决定的，我就像是拿砖头砸自己的脚一样。

　　搬到公婆家楼下之后，不只是身为媳妇的压力再度袭来，许多看不到的问题也慢慢浮现。因为家族对于公婆的依赖度依然非常深。

　　婚后跟公婆住在一起的时期，对于先生来说，做家务好像是另一个星球的事。家务主要由我跟婆婆做，大姑偶尔会帮忙，但先生从来没有洗过碗，也没拖过地。新婚时期，我好几次试着请先生做点家务。可是每当我要求先生去做什么时，婆婆都拉开他说：

"你走开，别来这里妨碍我。"

有一天，先生对我说：

"我结婚前从来没做过家务。现在结婚了，突然说要帮太太做，妈妈可能会舍不得。还有让亲戚看到了，也会被笑话。所以，再看看情况吧！我会想办法开始慢慢做的。"

但慢慢地，先生连假装也不愿意了。家里需要男人做的事，全都由公公做。从孩子生病去医院看病到上菜市场买菜，所有事情都是公公帮忙。

即使后来搬家了，先生依然觉得家务跟自己无关。就连换电灯泡这种事情，等他换都不知道要等到何时，很多时候，我就自己做了。再次搬到公婆家楼下，没想到习惯跟之前没两样。公公会随时到我家来，电灯、水管、马桶等发生故障时，甚至门有点歪了，都是公公帮忙处理。

处于青春期的孩子们跟我产生矛盾时，楼上的奶奶家是可以找到挡箭牌和得到安慰的地方。奶奶也是能瞒着妈妈得到零用钱的提款机。家里没有吃的时候，孩子们也会直接上楼。直到过了好几天，身为妈妈的我去叫，才肯下来。

"对孩子要宽容点，他们才不会变坏，才会正常长大。""因为青春期，需要特别注意。""孩子们正在长高，读书也很辛苦，要让他们好好吃。"等等。

跟之前住在一起一样，对于孩子们来说，他们有四位"爸妈"。

我一直认为，组成一个新家庭后，家庭的成员要健全地发展，就必须从原生家庭独立出来。可是，先生因为住在公婆家楼下，认为自己背负长男的责任，根本不想再搬家。

就在儿子要去当兵之前，我小心翼翼地跟先生说：

"当初会搬到这里是因为孩子就读学校的关系。现在孩子们也高中毕业了，没有继续住在这里的必要。不如我们搬到比较安静的小区吧！"

没想到我的话刚说完，先生就大声呵斥我：

"搬到这里之后，身为长媳你做过什么吗？"

先生根本不想听任何关于搬家的想法，只想跟我吵媳妇这个角色，我是否尽到责任。先生的态度让我明白，搬家这件事情不是通过争吵可以解决的。

"啊！想从这里搬出去真不容易。"

看来，我只有一个选择了。

我和儿女的独立练习

我跟公婆提交了辞职信，也跟先生提了离婚。背在我肩上的重担一个个被卸了下来。接下来，自然把眼光望向儿子和女儿。儿子和女儿大学最后一年的上学期刚结束，下学期即将同时毕业。我想在最后一个学期开学前，先帮孩子们做好心理建设。

"等你们毕业之后，就要离开这个家独立生活。你们各自去找自己想要住的房子。我会帮你们准备押金和六个月的房租，至于生活费要想办法自己赚。也就是说从现在开始到你们能独立生活之前，有六个月的时间可以练习。"

儿子早就想搬出去住了，因此非常感谢我能给他提供押金和房租，于是欣然接受了。但女儿听到我要她搬出去，可能冲击太大，整个人不知所措。女儿经常说，世界上最舒适的地方就是自己的家了。要离开爸妈自己独自生活这种事情，对她来说完全是无法想象的事。

"妈妈，你不当爷爷奶奶的媳妇，还跟爸爸提离婚，接下来换我们了吧！"

女儿深深叹了口气后，接着继续说：

"妈妈，拜托，至少等到我们找到工作后嘛！"

女儿双肩无力下垂，好像自己是被丢弃的小孩，或没有父母的孤儿似的。

"妈妈，你知道吗？最近原先独立住在外面，但因为经济上的压力最后又搬回家里的人越来越多了。为什么你要让还没有找到工作的我们搬出去住呢？"

现在的社会光靠打工是很难生存的。女儿知道这点，满脸的不悦。也许她接着又想到之后不得不一个人面对，感到害怕和忧心而泪眼汪汪。

事实上，我就是为了女儿，才决定让孩子们独立生活。我们夫妻在没有任何准备的情况下就结婚了，也就是说，我们是在还不够成熟的状态下结婚的。十几岁的时候，我以为过了二十岁就是大人了。但到了二十岁，身体长大了，内心还是个孩子。到了二十五岁，以为当了好几年成年人，却发现自己跟二十岁时没什么差异。

"我何时可以成为内心坚强的成年人呢？"

结婚时，我二十五岁，先生二十七岁。婚后，我的人生

突然间完全不同。在心里我还是个软弱的孩子，不知道该如
何面对婚后展开的新人生。即使生了小孩、当了妈妈，还是
没有变化。我从来没有感觉到自己是大人，对于所有的一切
都感到害怕。我总是依赖着公婆和先生，等到我知道不可以
如此依赖时，已经经历了漫长的岁月。

　　结婚不是幻想，而是真实的生活。如果抱持幻想，那婚
后的生活会走错很多路。而且，婚前可以摘下星星给你的那
个值得信赖的男人，在结婚后也会瞬间变成另一个人。女人
即便感到再慌乱、背叛和绝望，也不可能回到过去的人生了。

　　如果我和先生在婚前，试着练习成为成年人的话，一年，
不，即使只有半年，我们的婚姻生活或许就会有所不同。至
少从依赖的孩子状态中走出来。我希望我的儿女不要再走我
们的老路。跟着得过且过的爸妈一起生活，时间到了就结婚
的话，女儿就会像妈妈，儿子则像爸爸那样生活。因此，才
需要成为大人的练习。那个时间就定在大学毕业的时候。作
为父母，把孩子培养且照顾到大学毕业，此时他们的身心应
该已经做好练习的准备了。从现在起，他们需要通过一个人
生活，历练各种事情，成为大人。

　　刚生完老二，我就发现先生有外遇了。遭受到背叛的感

觉，仿佛天都快要塌下来了，我茫然地离开了家。可是又不知道去哪里，就先在旅馆住了一晚。因为从来没有一个人在外面过过夜，即使门已经再三确认锁好了，我还是感到极为不安，根本无法入睡。结果三天后，我就跟着先生回家了。因为当时不管再怎样想，我对于一个人生活还是感到无比恐惧。之后，面对先生不恰当的行为、父权主义的态度、不平等的对待等，我即使觉得应该生气，也通通忍下来了。

我的婚姻生活如此痛苦的第一个原因是，我太软弱了。虽然结了婚，依然像个孩子需要依赖别人，又太过无知根本不知道什么是错的，更不知道面临问题时要如何去解决。在还没有成为大人的状态下就步入婚姻的我，连有什么问题都不清楚，当然也无法摆脱痛苦。这并非是我一个人痛苦就可以解决的事情，会成为我们家所有人的问题。

我亲爱的女儿，我不能让你再重蹈一次妈妈的痛苦。当你和所爱的男人结婚时，一定认为自己会跟妈妈过得不一样，但要怎么样才能不一样？就像你依靠且信赖着爸妈那样，你也相信你爱着的那位男人可以成为自己的支柱。妈妈也曾经那样相信着，我以为我跟自己的母亲会过不一样的人生。因为我是那样爱我的先生，只要先生站在我身边，世界上任何的困难都不是问题。

但如果痛苦来自你最信赖的先生时，该怎么办呢？即便是恋爱结婚，恋爱中的男人跟结婚的男人也是不一样的。住在同一个屋檐下，因为立场的不同，自然会产生问题。如果你一味相信依赖先生的话，只会让那些问题更难解决，而你也会更加痛苦。

女儿，当婚后夫妻间产生问题时，如果你像妈妈这样软弱又太过依赖先生，那么当先生对你做出不对的行为或予以不平等的对待时，你便无法堂堂正正地反抗，更无法表达愤怒。长久下来，你就会像待在痛苦的隧道般，难以走出来。我希望你不管遇到什么情况，都可以不用依靠任何人，自己就可以承担和解决。因此，成为有力量的成年人是非常重要的。

一般来说，"穷养儿，富养女"，我们通常都会让女儿尽可能少吃点苦。我的先生在孩子们还小的时候，儿子有什么事都得自己完成，女儿则不一样。只要女儿喊累，先生就会又抱又背，甚至替她完成该做的事。现在女儿已经二十岁了，还是想当个孩子。因为只要选择当个孩子，就什么都不用做，也不用负责。"我不会做。""我不要做。"……女儿总是用这种方式逃避家务或是自己的责任。

　　并不是时间到了，就会成为大人。"你现在是大人了。"这句话也不是多听几次就会真的变成大人。要成为一个成熟的人，必须先意识到自己已经成年，还要去感受"成年人的力量"。这个力量必须靠自己解决问题，通过自身的体验才能获得。光想是不可能了解的。

　　我一直在思考着到底要怎样做，才能让女儿有个成年人仪式。于是，在女儿二十二岁的时候，我鼓励她一个人去背包旅行。女儿思考许久之后，总算答应了。但一到了遥远的国外，她对于旅行的幻想立刻破灭。跟家人分开，一个人在陌生的国度生活，让女儿感到害怕。她一整周都哭着在街头徘徊，觉得旅行根本就是在受苦，一心只想着回家。这时候，我儿子，也就是她的哥哥跟她通了电话。

　　"无论什么时候，你想回来的时候都可以回来。即使是明天，你也可以马上回来。因此，今天你先在那里舒舒服服地度过吧！"因为听了哥哥说，无论何时都可以回来的话，女儿总算放下了担忧，独自度过四十天的漫长旅途，也从中得到了力量。一个人面对恐惧，才能慢慢学会勇敢。之后，女儿总算体验到旅行的快乐，每天都过得非常精彩，感受到活着的乐趣。就这样，女儿完成了四十天的旅行。一个人在国外独自面对各种状况后，女儿真的成长了，过去没有发挥出来的力量和潜能都被激发出来。

不过，我没想到的是，独自旅行四十天后回来的女儿，不到一个月就又变回原来的样子，因为她又回到了有爸妈的家。女儿在外面的时候，具有成年人的成熟外表，但在家里，只想做爸妈的孩子。曾经得到过的力量和潜能只要在家里，就像海市蜃楼般快速消失了。男人去当兵后，看起来会像是什么都做得到的男子汉，但一退伍回到家，不到一个月也立刻变成儿子的模样。女儿通过旅行变成了大人，回到家就再次退化成爸妈的孩子。看来只有完全脱离爸妈，才能成为真正的大人。

美洲的印第安原住民有一个成年仪式。小孩满十五岁之后，就要离开妈妈去森林里生活。一个人在森林里，要自己找食物，更可怕的是得在森林里过夜。伸手不见五指的深夜，耳边一直传来野兽的声音，在这样的环境下想要安然度过一晚是极为艰难的。在规定的时间内完成任务的少年，才算通过成年仪式，也才能算是成人。从此以后，他不能再去见母亲，要自己一人独自生活。

澳大利亚原住民的孩子长大之后，就会被高大的男人带走。即使躲在妈妈身后，也会被强行拉走。而且从此以后，妈妈不再是小孩的监护人，小孩也不能再回到妈妈身边。被带走的孩子必须接受割礼或在身体上留下伤痕的仪式。通过这样的磨难表示小孩的身体已经不在，完成仪式后，就会变成成年人的身体，不可以再当小孩了。原住民通过这样的仪式，让成为成年人这件事情在心中留下深刻的印记。这是非常重要的事。

神话学者约瑟夫·坎贝尔（Joseph Campbell）表示，原住民的成年仪式跟原住民成为猎人的训练是相关联的。少年除了学习打猎外，还要学习尊重野兽，通过危险的打猎任务，他们不再是胆小且总是依赖别人的少年，而是去学习成为具备勇气的成年人。想要成为成年人必须通过这些考验，在心理学上是非常重要的仪式。现代孩子的问题在于没有这种成年仪式。身体是成年人，但内心是孩子。许多人都是"有着大人外表的孩子"。因为我们没有适当的成年仪式，所以即使身体长大变成大人了，我们也无法意识到从某个时间点开始要以一个成熟的大人的身份生活下去，这在我们生活中就会成为一个问题。"我是谁"这个问题非常重要。不知道自己是小孩或成年人所过的生活，跟意识到"我是成年人"是截然不同的。

约瑟夫·坎贝尔在《神话的力量》（The Power of Myth）中提到，成年仪式是少年男女摆脱父母的保护，在现实中自己学习打猎（谋生），并意识到接下来得对自己的人生负责的过程。这也表示他们找到了自己的履历，自己的名字，自己的价值！

　　我希望儿子和女儿不再是爸妈的儿子和女儿，而是用自己的名字，作为成年人累积属于自己的履历，活出自己的模样。

关于我消失了的人生

藏我鞋子的人，为何是婆婆？

　　漫长的课程结束后，我离开教室，却找不到自己的鞋子，怎么找都找不到。不管是鞋柜里、地板上，通通看不到我的鞋子。不知不觉中，大家全都穿上鞋子离开了。比我晚走出教室的人也穿上鞋子走了。我明明提前到学校，并把鞋子摆好。那些比我晚到，乱摆鞋子的人却先穿好鞋子走了。我疯狂地找着鞋子……

　　这时，婆婆不知道从哪里走出来，手上拿着塑料袋，"是这个吧？"我看到鞋子的瞬间，眼泪忍不住流了出来。为什么到现在才拿出来给我？我抱着鞋子，泪流满面。

　　这是我因为打算离婚，成功搬离公婆家后不久做的梦。鞋子是能带我们到任何想去的场所的物品。没有鞋子，就无法到达自己想去的地方，也代表无法过想要的生活。遗失鞋子的梦，让我想到童话故事《仙女与樵夫》。樵夫把仙女的飞

天衣藏起来后，仙女成了樵夫的妻子。在两个孩子长大之前，
她是孩子的妈妈、樵夫的太太。本来可以过得惬意的仙女人
生，被樵夫抢走了。

　　遗失鞋子的梦告诉我，在结婚后，我抛弃了自己想要过
的生活。在梦里把我的鞋子藏起来的是婆婆，为什么不是樵
夫（先生），而是婆婆呢？

　　我一结婚就住在公婆家。蜜月旅行回来后，刚到机场，
知道等一下就要回公婆家，脚步就开始变得沉重，仿佛像是
被拖着去屠宰场的牲畜，本能地不想迈出脚步。我不知道为
什么会这样，只是感到害怕和恐惧。

　　婆婆是很好的人，和不温柔的母亲相比，真的待我如亲
女儿。感受到婆婆对我的关怀和爱护，我除了感谢，也更加
想对婆婆好。但是在公婆家生活，总是有着无法表露出来的
不方便之处。

　　每天早上先生去上班之后，婆婆就像在等我似的，开始
跟我讲述她过去的故事。说着她身为长媳，跟她的公婆和先
生的弟妹住在一起，生活有多么痛苦。我第一次听到这些如
电视剧情节般的事情时，一边感到愤怒，一边也和婆婆一起
流下了眼泪。然而，之后的每一天我都得听这些相同情节的

事，我开始感到痛苦。可是，身为媳妇的我很难拒绝婆婆。

听完婆婆的故事后，还有祖母的故事在等着我。当婆婆不在家时，祖母就会找我。因为我是长孙媳，祖母特别疼爱我。于是，她的故事我也得听。祖母也把过去的生活，从她的立场再讲一次。

在婆婆的故事里，婆婆是受伤的人；但在祖母的故事中，婆婆变成了加害者。"你知道你婆婆是怎样的人吗？"祖母从这句话开始，满脸怨气地对我数落婆婆。这些故事怎样讲也讲不完。有时，祖母讲到被婆婆伤透心的事情时，眼泪还会流个不停。我真的感到混乱了。因为祖母讲的内容跟婆婆说的完全不一样。在她们的故事里，彼此都是受害者。祖母和婆婆都对我很好，我实在无法忽视其中一人。在她们之间，我也不知道该用什么立场去面对。如果对其中一人的话表示认同，对另一个人就会产生罪恶感。

故事听久了，我也就变成了顾问。两位都希望我可以与她们感同身受，一起流眼泪，当然也得站在她们那一边。我感觉两边都想紧紧抓住我，把我强拉到她们的阵营。

有时候祖母讲完一个故事之后，会跟我说："这件事你自己知道就好。"婆婆也会叮嘱我："这事情我只跟你说，你不要跟你老公说。"如果我只跟其中一个人相处，另一个人就会问

我，对方是不是说了什么，可是我又没办法说，对方什么也
没说。但当我说了之后，祖母会说："那件事情不是那样的。"
婆婆会说："哎呀，你就当成耳边风吧！"

　　我夹在她们中间，真的很想消失。可是我没有那双可以
摆脱她们，想去哪就去哪的鞋子。这样的事，直到祖母过世
之后，才总算结束。

　　祖母在我们搬家之后的几个月过世了。我还记得，当我
要搬离公婆家的时候，祖母拉着我的手说：

　　"你就这样搬走了，就好像砍了我的左手一样痛啊！"

　　这句话一直盘踞在我心头，十分沉重。

被时间、场所、角色限制住的人生

在他人眼中，我是"在好公婆家过着优渥生活有福气的媳妇"。但我却感到辛苦和郁闷。就算想出门见朋友或回娘家，也会担心婆婆不开心而忍耐。因为我也想在和蔼且亲切的婆婆面前当一个好媳妇。

婆婆认为："既然嫁过来了，即使再讨厌，死后也要当这家的鬼。"因此她告诉我，身为媳妇，不要总跟朋友见面，就算是娘家也不要太常回去。

"如果太常回娘家，就会依赖娘家，对这个家也就无法产生感情。娘家的母亲知道女儿受苦的话，会每天流泪，甚至会说'如果真的过不下去，无论何时都可以回来'这种话。正因为如此，你更不要回娘家。既然嫁过来了，就是这个家的人，死后也是这个家的鬼，那就应该断了娘家的路。"

婆婆说她结婚之后几十年，也只回娘家两三次而已。每次听到这样的话，就好像是在暗示我"你也要如此"。因此，我就更加不敢随意外出。

童话故事中的灰姑娘在舞会上遇到了王子，但到晚上十二点，她就必须回家。灰姑娘为了不错过时间，慌张离开时弄丢了一只鞋。结婚后，我为了当一个好媳妇，也被困在"灰姑娘时间"里，而遗失了自己的鞋子。

即使外出，只要到了四点——公婆家要准备晚餐的时间，我一定像灰姑娘那样立刻回家。公婆家离市中心很远，来回大约需要三个小时。那时候还没有地铁，因此若有机会跟朋友见面，吃个午餐再喝杯茶，差不多就要马上回家。

有一次，我稍微晚了，那天实在不想回去。我心想，每次都那样准时到家，只有今天晚回去应该没有关系吧！想归想，但到了"灰姑娘时间"，我还是不由自主地感到不安，对于还没回家这件事焦虑起来。我急急忙忙地离开，在晚餐时间回到了家。大门才打开，就看到婆婆连鞋子都没穿好就跑了出来。

"你知不知道我有多担心？为什么这么晚才回来？"

婆婆的反应让我觉得，自己就像是没报备就在外面过夜的人，感到非常惶恐。再加上婆婆并非严厉地责备我，那感觉就更微妙了。婆婆口中的担心，就像是在告诫我："下次不可以这样晚回家了。"从那次之后，我每次外出都会担心错过

"灰姑娘时间"。不知从何时开始，我遗失了自己的鞋子，总是穿着厨房的鞋子。

　　我在公婆家生活时，还不知道自己的内心为什么这么痛苦。我认为是跟公婆住才有这种感觉。因为住在公婆家的时候，我需要面对公婆、公婆的公婆，还有很多亲戚。在这个大家族中，我的地位和态度等所有事情都很为难。我希望自己快点适应，这样才能过着舒适且幸福的日子，但始终找不到方法。

　　娘家妈妈跟我说："能遇到好公婆是你的福气。"所以叫我要孝顺。婆婆跟我说："我也当过媳妇，所以不会把你当成媳妇，我会把你当成女儿来看待。"小姑跟我说："像我妈这样好的婆婆真的没处找了，大嫂你真有福气。"但我还是不幸福。我不想过着别人口中该怎样的人生，但我也不知道自己该过怎样的生活。

　　我想学习人生所需要的智慧。但要去哪里学呢？在书中找不到答案，周围没有可以学习的人，也没有人可以教我。我甚至连吐苦水的朋友都没有。

　　有信仰的话，人会变得智慧吗？婚前我去过教堂，但婚后不久，婆婆知道我是天主教徒时，曾对我说：

"我们家是信佛教的。一个家中不可以同时信仰两个宗教。所以，你不要再去教堂了。"当时，听到这样的话，除了惊恐，我不知道该如何回答，只能说："我知道了。"就这样接受了婆婆的要求。

我知道自己无法再去教堂了，但如果一直这样过下去，我好像真的会疯掉。不能去教堂，那么读《圣经》应该可以吧！于是我开始抄写《圣经》。每天抄写两三张后，心灵似乎真的得到安慰，但也同时让我更加渴望去教堂。好像只有去了那里，我遇到的所有痛苦，才能得到解答。

于是，我跟先生稍微提了一下，便瞒着婆婆去教堂。可是，只去了第二次就被发现了。当我回到家时，婆婆用愤怒且冰冷的声音喊住了我。那个声音听起来好像我是个十恶不赦的罪人，打破了什么严重禁忌似的，她对着我大吼："你怎么可以这样！"接着开始一连串的责骂。我心想，婆婆偶尔会去算命，但从没去过寺庙，家里其他人也是。这样怎么能算是同一个家里有两个宗教呢？为什么我不能去教堂呢？但我也只在心中想着，不敢说出口。

当时，我感到委屈也很伤心，一句话也说不出来，只是不停地流眼泪。公公和先生在楼下，知道我正受到不公平的对待，但是谁也没有上楼为我说句话。也许，他们认为这是"女人的问题"而想要逃避吧！当时，我好像独自身处敌区，感到极度孤单和悲哀。我感觉可以带我到我想去的地方的鞋子，被婆婆抢走了。我没有鞋子了，在沉闷的"公婆家"中，我再也没有自由。

孩子啊，长媳是上天给你的职责

结局大逆转的电影通常都会给人留下深刻印象，《第六感》就是。观众随着男主角麦克医生的视角，以为他看到的是死去的灵魂。可是当男主角回到家之后，才发现原来自己早已死亡。他当下受到的冲击，确确实实地传到了正看着电影的我身上。即便离开电影院，那份冲击感依然留在心中。

我的梦境也会如此逆转。在梦里，把我的鞋子藏起来的人是婆婆。当时，我夹在祖母和婆婆中间而感到痛苦，再加上"灰姑娘的时间"以及无法随心所欲信仰宗教等。在这样的公婆家，我无法拥有自由，更加不可能过自己想要的人生。但是，让我如此辛苦的不是婆婆，而是我自己。

在梦中出现的人物跟现实中并不一定是一致的。格式塔心理学提到，"在梦中出现的所有要素都是自己内心的一部分"。弗雷德里克·皮尔斯（Friedrich Salomon Perls）也说过："你梦中所有的一切都是你自身的一部分。也就是说，是为了让你看到自己性格的某些部分。"[1] 除了梦中出现的要素，在梦中登场的人物，也是为了让我们看到自己的某些层面。

在梦中出现的婆婆并非现实中的婆婆。那是跟婆婆长期生活后，不知不觉中在我内在形成的婆婆的样子。

"孩子啊，长媳是上天给你的职责。""就是因为罪孽太重才会投胎成女人。所以（得要忍耐和牺牲）我们是来赎罪的。""你嫁到这个家，死后也是这个家的鬼。"等等。

这些都是婆婆常常跟我说的话。每次听到这些话，我的内心就会极度抗拒。"我才不这样认为，我也绝对不会那样活着。"强烈的否定也就是强烈的肯定。为了绝对不那样活着，我不只没有从婆婆身上学到真正的智慧，反而不知不觉地把婆婆陈旧的观念铭记在心。

其实，这些话对婆婆来说，是她生命中遇到艰难时，让自己支撑下去的信念。当现实生活如波涛巨浪袭来，这些信念支撑着她活下去。婆婆希望同样身为媳妇的我，将来在面

---

1 出自埃里克·阿克罗伊德（Eric Ackroyd）《梦象征词典》（*A Dictionary of Dream Symbols*）。

对巨浪时，可以不被冲垮，坚强地生活，因此，才会把这些信念慎重地传达给我。或许，婆婆的婆婆、祖母的婆婆……在这个世界上的所有媳妇都是抱持着如此想法，才能够承受人生的一切。

在《仙女与樵夫》的童话故事中，仙女被偷走了飞天衣后，和樵夫生了小孩。但当她想到飞天衣时还是会伤心。樵夫动了恻隐之心，拿出飞天衣想让仙女再穿一次。再次看到飞天衣的仙女心情如何呢？长久以来总是穿着厨房拖鞋的我，看到婆婆拿着我真正的鞋子走出来的时候，我在梦中抱着那双鞋子痛哭流涕。

"为什么……为什么现在才拿出来？"

没有人可以使自己痛苦。即使是婆婆也无法。"为什么现在才拿出来"这句话是我在责怪婆婆，就是因为你，我才会过得如此痛苦，我把责任转嫁给了婆婆。但我才是自己人生的负责人，我应该要问自己：

"我为什么到现在才去找自己的鞋子呢？"

遗失了鞋子，也就是我遗失了我自己，责任在我身上。因为我没有好好地守住自己的东西。况且，遗失之后，我并没尽全力去找寻，这也是我的责任。至少一次也好，我面对自己穿着不适合的鞋子，应该对自己提出疑问。

仙女因为从来没有忘记自己是仙女，才能够再次找回飞天衣。虽然被藏起来了，但是仙女一次也没有忘记，相信总有一天可以再次拿回来。而我却忘记自己是谁，自己把象征自由生活的鞋子藏了起来。然后，我穿上了充满婆婆陈旧观念的鞋子。把自己当成厨娘的我，每次遭遇不公平待遇，只会流泪，什么话也说不出来。因为我认为自己"没有表达的权利"。不管多郁闷，只要我把自己定位在"媳妇角色"的话，就只能忍耐而已。

据说在圣地亚哥朝圣之路的终点，有一个地方摆放着许多朝圣者穿旧了的鞋子。将鞋子放在那里，除了记录自己走完数百公里的艰辛旅程外，也象征着他们是一步一步踏实地慢慢向前走到了终点。在穿旧了的鞋子上，记录了朝圣者一路上所有的事情。

"履历"这两个字分开来看"履是鞋子，历是经历"。也就是记录自己穿着鞋子走过的历史。在婚姻生活中，我无法过自己的人生，所以没有自己的履历。因为我无法穿着自己的鞋子。这也是我为何总是梦到自己遗失鞋子，或是要穿鞋子却找不到鞋子。我是在孩子们都长大后，才开始疯狂地找寻自己的鞋子。

　　"我遗失了什么呢？"

　　"为什么我抱持着跟婆婆相同的陈旧观念呢？"

　　"我真正想要拥有的婚姻生活是怎样的呢？"

　　在婚姻生活中，我通过不停地对自己提出疑问，开始找寻自己的鞋子。从樵夫手中再次拿到飞天衣的仙女，一穿上就飞回自己原本的家了。从婆婆手中再次拿回鞋子，我总算可以穿上属于自己的鞋子。我是为了重新记录自己的履历，再次穿上鞋子，从公婆家走了出来。这真的是个漫长且残酷的课程。

有名无实的婚姻生活

婚后，先生把我放在媳妇的位置后，自己就好像完全退出似的，总是不在场。他完全不做家务事。离开娘家来到这里生活的我，好像独自被关在名为"公婆家"的巨大岛屿上。公婆家离娘家很远，我连一个可以诉苦的对象都没有。在公婆家，先生本该是唯一能支持我的人……

我每天盯着时钟，等待先生下班，以为跟先生诉苦、得到他的安慰后，心中的郁闷就可以减轻。我之所以能熬过一整天，期盼的是先生回来能安抚辛苦的我。之所以能撑过一整周，希望的是假日可以跟先生享受两人世界。

但是先生在婚后一周，就说为了健康加入了晨间足球社。于是，我变成了"周日寡妇"。不久之后，先生又说为了学习英语，下班后要去补习班，每天都很晚回来。

先生总是不在我身边。我们没有一起外出过，他也从来不曾好好听我说话。我的期盼和希望完全破灭后，心中只剩下愤怒。

婚前，母亲知道先生是大家族的长男，就极力反对我结婚。当时，让我下定决心还是要结婚的，是先生的一句话：

"有我在，不会有任何问题。不管有什么困难，我都会承担！"

当时，这句话让我觉得先生相当可靠。我就这样因为相信先生的一句话，跟着他走进了公婆家。等我走出来时，已整整过了二十三年。

先生希望我可以扮演"好妻子、好媳妇"的角色。只要我一跟他说自己内心的痛苦，他就会开始说起自己的工作是多么辛苦和艰难。

"上班真的很痛苦。""职场生活好像在打仗。""我作为一家之主已经这样牺牲了，为什么那点小事你就不能忍耐呢？"等等。

这些话，其实是他为自己能随心所欲生活，且完全不关心在家里的我而找的借口。

"我如果没有参加足球社，（因为压力）都不知道会变成什么样了。"

先生每个星期日都会出门参加足球社活动，他认为那是为了健康一定要参加的重要活动。就像疯狂的信徒般，不管发生什么事情，都绝对不能不参加。当然，运动之后的聚餐，也很自然地要全程参与。

结婚三周年的纪念日，我们安排了去济州岛两天一夜旅行。我每天数着日子，等待旅行的到来。那时候儿子还小，还要事先请公婆帮忙带。我真的非常期待婚后第一次两个人的旅行。但是我们的旅行时间却是，星期六凌晨六点从首尔出发，星期日凌晨六点就得搭飞机回来。原因是先生要参加晨间足球社的活动。到济州岛旅行只安排两天一夜时间本来就不够，而且也不是常常能搭飞机去。于是，我哀求先生这次先不去社团可以吗，但他居然完全没考虑就拒绝了我。

先生本来只是在星期日跟足球社队员碰面，慢慢地变成连星期六也和他们在一起，一起打撞球，甚至喝酒。每当我对此表示不满的时候，他总是拿"需要消除累积了一周的工作压力"来敷衍我。就这样，我的先生连星期六也被晨间足球社抢走了。慢慢地，星期五下班他回到家，快速停好车后，就又出门了。我的"周末寡妇"时间，提早到从星期五就开始了。即使是平时下班，或是休假日难得在家，他也说为了舒缓上班的疲累，只是躺在沙发上看电视。我虽然有先生，却过着没有先生的生活。

每当我表示不满的时候，先生就会拿工作压力当借口，理直气壮地反复强调这是没办法的事情。于是，先生的周末时间变成我无法碰触的话题。偶尔会因为我的请求而勉强一起去旅行，但对他来说，陪我一起出门已经是给我恩赐了，所以从出发到回来，所有的事我得一手包办。出门前，我要忙着打包行李，又要照顾小孩，若先生已经准备好，就会用质问的眼神看着我，责备我为什么还没准备好。

除了晨间足球社抢走了我先生之外，我还有一个长久以来说不出的痛苦。

我跟先生虽然是夫妇，但他不是陪在我身边，总是待在别人那里。那是先生在晨间足球社认识的大哥，他们无话不谈。从星期五晚上到星期日，先生全都和那位大哥在一起。当时，大哥被公司裁员，很长一段时间都找不到工作。先生经常陪他喝酒，好几次都喝醉了才回家。他说看到大哥辛苦的样子自己很心疼，不管怎样，都希望自己可以成为大哥的力量。无论在谁来看，先生跟那位大哥的关系已经超过朋友间的关怀。甚至连那位大哥的妻子也说，两个人根本就是没有睡在一起的夫妻。

有一次，先生喝得烂醉才回到家，对我感叹地说，他看到大哥辛苦的样子，心如刀割。说完，竟然在我面前流下了眼泪。被先生冷落的我，此时更显得倍加凄惨。我看着他，整个心全碎了，眼泪再也止不住。我好想在先生面前死去。

他把心思放在那位大哥身上的时候，是否曾想过被他长期冷落的我。他对那位大哥的关心的十分之一，不，就连百分之一也好，是否曾给过自己的妻子，是否曾为在公婆家一个人流泪的妻子心疼过。

第二天，我对酒醒了的先生说：

"你跟那位大哥比跟我还像夫妻。你要跟我过日子，还是跟那位大哥过，你选一个。我实在再也忍不下去了。"

先生认为我是在无理取闹而拒绝回应。之后，他跟那位大哥的关系又维系了好几年才结束。结束的理由是大哥觉得先生不理解他，因而内心受伤了……对我来说，这段就像外遇的关系整整维持了十年以上。

每个周末，我都必须一个人过，真的非常痛苦。特别是春天和秋天，每当周末好天气时，我更是倍感寂寞。而先生依旧自顾自地独自外出。

某个秋天的周六早晨，看到耀眼的阳光洒满阳台，我突然感到悲伤。那天先生起得很晚，吃完早餐后，就说要出门。像这样美好的天气，我真的想跟他一起过。并不是特别要做什么或去哪里，只是，想跟他在一起而已。于是，我问他今天可不可以不要出去，一起待在家里好吗？他一口就回绝了我。

邻居家的先生会陪小孩玩，会跟家人一起去旅行、看电影、买东西……这些都是家庭间平凡的生活。可是，为什么在我们家却无法拥有那样的周末日常呢？

我当然也想过，即使没有先生的陪同，我也可以独自出门度过寂寞的周末。可是，当时孩子们还很小，我也不方便出门。等孩子们较大了，我就独自带着两个小孩到处爬山。去爬山的时候，我最羡慕看到全家人一起出来，特别是看到爸爸把小孩驮在肩上的画面。我也有先生，小孩也有爸爸，为什么我们全家人不能一起出来爬山？每次我都会因为这样而伤心。

有一次，听到比较亲近的邻居这样说我：

"我还以为某某妈妈是没有老公，一个人养小孩的单亲妈妈呢！因为每个周末，只看到她一个人带小孩出门……"

小孩一下子就长大了，也不想跟妈妈出门了。于是，我就开始一个人去爬山。慢慢地，我也习惯了一个人，不管去哪里、爬哪座山都觉得很愉快。所以，每个周末我都去爬山。

某个晚秋的日子，枫叶实在太美，我边赏枫边慢慢地往山上爬。枫叶一路蔓延到山峰，那天我贪心地整整爬了六七个小时。虽然身体非常累，但是内心却感到十分满足和愉快。

让双腿稍微休息之后，我慢慢往山下走。爬上来的时候还没有注意到，下山时才发现身边全是情侣、夫妻和家庭。走在我前面的是一对中年夫妇，两个人手牵着手，和睦地边轻声聊天边走下山。当我发现自己正羡慕着他们时，突然意识到自己的孤单。我以为我早已习惯，但此时此刻我的脚步却越来越沉重，整个人显得凄凉不堪。午后的一阵凉风突然吹来，眼泪就这样流了下来。当全身被冷空气包围时，似乎连孤寂都沁入了骨髓。我真的非常寂寞。身旁没有人的空虚感，从皮肤扩展出去的瞬间，眼泪再也止不住。

"为什么我的先生不在身边？我的先生在哪里？"

密密麻麻的落叶掉满地，每走一步就会发出沙沙的声音，我的眼泪止不住。我喜欢爬山，我明明已经坚强地一个人爬了很多年的山。但其实我一直在欺骗自己，我不寂寞。我竭尽全力支撑住的大坝，就在那天一下子崩塌了。

就在那个美丽的秋天，我每周的爬山习惯就此停止了。因为我再也不想一个人去爬山了。

拜托要抽烟去外面抽

大约十年前，我做了一个发不出声音的梦。当时的我以为，我是个按照自己想法过着自主生活的人。

先生在阳台门前抽烟。我非常讨厌烟味，为了不让烟味飘到屋内，我打算叫先生不要再抽了。可是，不管我再怎样努力想说话，却发不出声音。心里觉得很烦闷，接着就从梦中醒过来了。

在梦中不管我怎样努力也发不出声音，最后就像做了噩梦般惊醒过来。有一段时间，我一直感到混乱。之前，我也曾经做过发不出声音的梦。我曾试着找出那个梦境的意义，但当时的我认为，自己在现实生活中是可以发出声音的，所以花了很久的时间才了解梦的意思。

先生偶尔会这样跟我说："你看看你周围，有哪个女人跟你一样吗？"这句话的意思是，"你是一个想做什么就可以做，想说什么就能说的女人。"我当时也以为自己就如同先生所说的，是会找自己想要的事物，懂得享受生活的人。不过这个发不出声音的梦，让我重新思考了。

"我明明可以说自己想说的话，为什么在梦中，我却发不出声音呢？"

"发不出声音代表什么意义呢？"

首先，我思考了关于烟的意义。虽然所有的梦都是通过象征和隐喻组成，但我试着从现实的烟来想想。

"啊，烟！"烟是眼前真正的问题。先生总是在家里抽烟这件事，已经困扰我很久了，因为我很讨厌烟味。但先生在家里抽烟，导致家里的烟味总是很难消散，味道扩散到房间各个角落，家人的身上也都有了烟味。甚至，在外面还会被外人问是否抽烟。我没有抽烟，但是身上却总有烟味，实在让我厌恶至极。

二十世纪八十年代的社会，抽烟对于男性来说是一种被默许的权利。每个人家中都会有烟灰缸，公司的办公桌上也会有。长久以来，在室内抽烟并不是个问题。慢慢地，社会氛围开始改变，在公共场合禁止抽烟，变成一件理所当然的事情。

我也因此有了勇气，针对抽烟这件事提出自己的看法。没想到当我第一次提出时，先生大发脾气，根本无法沟通。

某年年初，我们开了一个家庭会议。每个人轮流说出各自的新年计划或想说的话。当时气氛一片欢乐，于是轮到我发言时，我提出了对抽烟的想法。

"我希望从今年开始，你不要在家里抽烟，如果要抽就到外面去抽！"

我的话刚说完，没想到还在读小学的儿子和女儿立刻滔滔不绝地把对抽烟的不满全都说了出来。这时候，先生突然猛拍桌子，大声喊道："我就是要在家里抽！"说完，就站起来走向卧室。我跟孩子们都被吓到了，因为完全没想到气氛会变成这样。也因为太过惊恐和害怕，我们忘记了原本想说的话。

我没想到孩子们长久以来也在忍耐着这件事。也许是身为母亲的我什么话也没说，只是忍耐，孩子们才不敢说吧！站在先生的立场，他或许会认为我和孩子事先就串通好，所以才如此强烈反弹。我是要理解当时生气的先生呢，还是要为这个不对的行为争吵到底？我的脑中一片混乱。

可笑的是，抽烟对于全家人来说有百害而无一利，先生居然可以如此理直气壮地坚持。但因为他生气了，倍感压力的我和孩子们却说不出话。从那天之后，我们再也不提抽烟这个问题了。

通过梦，我才了解，原来我对先生在家抽烟这件事无法发声。当我意识到这件事时，觉得再也不能退让了。我一定要跟他表明家里是禁止抽烟的。

先生认为"在家里可以抽烟"的想法，其实是因为他抱持着这是"父权制的权利"。因此他总是说："难道我连想在家里舒服地抽个烟也不行吗？"他认为在家抽烟是理所当然的事情，那是他堂堂正正的权利。

"在公司想要抽烟时，也要到外面。为什么在家里的时候，就不能去外面呢？公司是为了员工的健康着想才那样规定，难道你就不能为家人的健康而做吗？"

"我领的是公司的薪水，那是没办法必须遵守的规定。但在家里，为什么我不能随心所欲？"先生说到最后，又开始辩解，认为我们都无法理解"他身为一家之主，在职场上忍受着多大压力"。

每当先生说自己承受职场压力时，我完全无法反驳。先生在公司的时候，觉得自己是"乙方"，所以不得不遵守作为"甲方"的公司的规定。但是在家里，先生就变成了"甲方"，而我是拿着先生的钱来生活的"乙方"。因此，我才会什么话都不能说。

我再也不能把先生当成"甲方"，再也不能丧失说话的权利。如果把夫妻的关系看成是"甲乙关系"的话，自然很难发出声音。因为这不是平等和谐的夫妻关系，也不是民主的家庭关系。

因为抽烟这个问题，我跟先生经过长时间令人厌烦的争吵之后，总算得到了"只在卧室内的厕所抽烟"这个约定。问题是即使关上厕所门，烟味还是会扩散到房间内。先生会辩解"哪有什么味道"，因为无法证明看不见的烟味，所以无法跟他争论。于是变成抽烟的当事者坚持没味道，而我依然因为烟味累积着压力。后来，我以我也有使用卧房的权利，想要愉快生活为理由，希望先生不要在卧房厕所抽烟。但先生因为没有其他地方可以选择，坚持不退让。这是在我们家因抽烟引发的战争。

最后，我买了可以吸烟味的蜡烛和芳香剂摆在厕所，勉强解决了问题，也让这场战争暂时告一段落。

对我来说外面比家更舒适

赫尔曼·梅尔维尔（Herman Melville）的小说《抄写员巴特比》（*Bartleby the Scrivener*）中，巴特比是律师事务所中担任文书抄写工作的抄写员。文书抄写员除了抄写文书之外，当事务所有其他琐事需要帮忙时，也必须一起做。可是巴特比却拒绝所有琐事。他总是说："我不愿意。"慢慢地巴特比连抄写的工作也拒绝了。无论律师如何好心劝说甚至威胁，巴特比依然态度坚决。"我不愿意。"他只是一再重复着这句话。其他同事因为分担他的工作而忙碌时，巴特比只是在办公室呆呆望着墙壁，什么也不做。为什么呢？

做了发不出声音的梦后，除了抽烟的问题之外，我也开始找寻是否还有其他让我发不出声音的问题。我发现先生和孩子们在周末的时候，完完全全可以自由度过属于自己的时间。如前面我说过的，先生的周日时间是我无法触碰的，只属于先生自己一个人的时间。就算是周六，先生也很自由，想出门时就出去，想在家休息就无拘无束地躺在沙发上。每个周末，先生跟孩子们都能睡到自然醒。

当时，就算假日也有很多中学生可以参加的补习课程。可是孩子们一上了中学，立刻表示假日不想补习。不管补习班有多好，只要课程开在周末，他们完全不考虑。并不是因为平时孩子有多用功，他们只是想自由度过周末而已。

我曾问过先生和孩子，你们觉得世界上最舒适的地方是哪里？他们异口同声地回答：

"家！"

那我呢？对我来说，最舒适的地方是"家的外面"。只要离开家，无论去哪里我都觉得舒适自在。可是在家里，即使是周末我依然得做饭。周末，我也想不做任何家务，自由自在地度过。比起其他家务事，对我来说，即使一天也好，真的好想摆脱煮饭的工作。

先生不喜欢一个人吃饭，平时我都会等先生下班后一起吃晚餐。偶尔实在太饿了，忍不住先吃，就会被他责备，说自己在外面工作一整天，而我却连这点小要求都做不到。所以平时最好什么都不吃等他回来，或是即使不太饿也要勉强自己和他一起吃。我心想，至少在周末，让我摆脱"一定要做饭""一定要一起吃"这些义务。

某天，我对先生说出这些心里话：

"假日我不想做家务。"

说完，先生突然暴跳起来：

"你平时也可以过得很自在，为什么一定要选在周末呢？"

"因为我也想像你跟孩子们那样，在周末完完全全地放松。"

"真不像话，你是孩子的妈妈……"

"为什么当妈妈的不能放松？"

像这样没有结论地争吵过好多次之后，先生总算像是让步似的说：

"好，好吧！你想休息就休息吧！不过，还是要做饭！"

我万万没想到，让先生如此强烈反对的理由，居然是因为做饭。

"既然我希望自由度过周末，那当然也就不用做饭。"

其实我们周末常常叫外卖，先生也偶尔会去外面吃，我并非每一餐都需要准备。但是我想要的是"什么也不做"，就连"今天要做什么菜呢"这种事都不用苦恼的日子。

"周末我就是什么也不想做！"

先生说我太自私，强烈地反对。这样吵来吵去，我就心软了。于是，我开始观察先生的脸色，有时候做饭，有时候不做。

"我真的很自私吗？"

这个问题我无法去问任何一个人，而心越来越虚的我，因为没有可以商量的对象，总是一个人混乱着。

即使只有一天，当我说我不想做饭，对先生来说也是非常严重的问题。他从来没做过一点家务，在公婆家的时候，厨房的工作完全是女人的事情，连自己要喝的水都是女人倒的。当先生躺在沙发上看电视时，婆婆或小姑会自然地把点心摆在他面前，先生就是在这样的环境中长大的。

先生小的时候，是跟叔叔和姑姑们一起生活，厨房的事情一点也没碰过。甚至有时走到厨房附近，还会被姑婆说："男人进厨房的话，辣椒（比喻男性生殖器）会掉。"

对于先生来说，厨房是只属于女人的领域。婚后前八年，因为跟公婆住一起，所以完全没有机会改变先生。

第一次搬离公婆家之后（当时先生非常反对搬家，祖父母和公婆也不愿意。只有我一个人坚持这么做，那真是非常波折的过程）大概有两年的时间，先生非常讨厌只有我们的家。因为搬家是我提出的，所以我无法开口要求已经极为不满的先生帮忙做家务。就算我因为得湿疹手疼痛不已时，先生也只是帮忙洗了两次碗而已。之后，又很自然地什么都不做了。这样的人，叫他做饭给自己吃是绝对不可能的事情。

我的"周末休假战争"就这样持续了三四年。先生就像墙壁般不为所动。我是那样渴望休假，为什么只有我不能拥有自由自在的周末时光呢？

"你跟孩子们都有自由的周末，为什么我就不能有？上帝也说六天工作，一天用来休息，为什么我就不能够有星期日呢？"

先生的理由只有一个："那谁做饭？"

我实在气到无话可说。"做饭是主妇、女人要做的事情"，先生的这个想法就像混凝土般坚固。

我思考着要如何让先生理解。先生认为在外面工作才是重要的事，因为那是忍受着各种折磨来赚钱的工作，当然可以正正当当地在周末休息。可是，做家务又不会有压力，居然还需要另外休假，实在太不像话了。

先生对于男女该做的事情的观念根深蒂固，不管我怎样解释，他还是听不进去。看来，只能让他亲身体验了。家务事并非只是煮几次饭或打扫几次而已，而是全面负责起家中大小事情并且得持续做。而且并不是只做看得到的事，就连看不到的事都要一整天、一整年持续不间断地做。只有这样才能够理解做家务的辛苦。

为了公平起见，不能只叫先生体验做家务。我也必须体验先生长久以来背负着的家庭经济重担。彼此都认为自己的工作很辛苦，只有交换做之后，才可能真正理解对方。因此，首先我必须鼓起勇气跟先生要求，把经济重担交由我负责。虽然很害怕，但我认为这是我们两人彼此都需要的经历。

于是，我跟先生提出了计划。

"你辞掉公司的工作，待在家里做家务。让我出去赚钱养家吧！虽然我赚的钱跟你比起来会少很多，但是我觉得还是需要这样做，只有这样我们才能理解彼此的立场。"

先生虽然嘴上说不像话，但好像总算有点理解我的心情了。

"家庭保姆"是一项专业工作，那么为什么当家庭主妇做这些相同事情时，却不被当成工作呢？

"公司的工作无论何时都可以辞掉不做，可是对家庭主妇来说，这却是没办法辞职的工作。为什么连周末都不能休息？到目前为止，我二十年来没有一天不做家务，现在为什么连要求一周有一天的时间完全属于自己都不行？"

我如此恳切地跟先生表明自己的想法，却得到那样的反应，真的让我心痛到流泪。我的心真的非常痛。看到自己只不过为了争取一天的休息，就要如此费尽心思，我好像突然理解过去的我有多辛苦了。对于那个，直到如今依然得不断满足他人的要求，过得糊里糊涂的我，感到怜悯至极。

　　经过长时间的争吵后，先生总算接受了。

愚昧地相信，女人必须温顺乖巧

　　南露脊鲸是濒临灭绝的动物。这种鲸从史前时代就存在了，但从十七世纪开始因为受到大量猎捕，数量快速减少。南露脊鲸特别容易成为捕鲸人的目标是有原因的。因为南露脊鲸会喷出 V 字形水柱，所以捕鲸人即使在远处也可以掌握它们的位置。再加上南露脊鲸温驯且好奇心强，常常自己就靠到船边，这也让捕鲸人更容易猎捕到它们。

　　这段话引自塞巴斯蒂安·萨尔加多（Sebastiao Salgado）的摄影集《创世纪》（Genesis）。我们女人也跟南露脊鲸一样单纯。2016 年伦尼·阿伯拉罕森拍摄的电影《房间》讲的也是单纯的女人所遭遇的悲剧故事。电影中的女主角乔伊在十七岁那年，因轻信陌生男人邀请她帮忙看生病的狗，而被囚禁长达七年。在那个小房间里，她生下了儿子杰克，成了一位妈妈。当杰克满五岁时，乔伊决定让杰克生活在真实的世界，于是决定逃脱。但是经历不幸遭遇的乔伊，即便逃脱成功了，在真实世界里却因为别人的异样眼光而封闭自己。

人们关注十七岁的少女被囚禁七年的可怕遭遇，却忽略了为什么会发生这样的悲剧的原因。为什么乔伊会被囚禁呢？为了不再让相同悲剧再次发生，我们应该去探讨原因。

从被囚禁的房间逃脱出来的乔伊，无法适应真实的世界，而乔伊的妈妈因为不知道该如何帮助自己的女儿，总是小心翼翼。某天，乔伊对自己的妈妈大喊，她想摘下善良的女儿的假面具。因为如果不听妈妈教导，不做一个"善良的人"的话，自己就不会去看生病的狗，也就不会发生如此的悲剧。

大部分的民间故事或传统童话中的女人，都是因为善良单纯，而遭遇不幸。十七岁的乔伊把妈妈的话铭记在心。面对陌生男人的请求，即便乔伊感到害怕且有所怀疑，可是要成为"一个善良的人"这个想法，还是让乔伊跟着陌生男人走了。

卡尔·荣格（Carl Gustav Jung）学派的精神分析学家西比尔·比克霍伊泽 - 奥里（Sibylle Birkhäuser-Oeri）曾这样说过："女人比任何生物还要纯真到愚昧，因此无法忠于自己的本性

而活。"[1] 南露脊鲸因为天生的纯真而加快了种族的灭亡。电影
《房间》的女主角也因为"要当一个善良的人"而发生悲剧。

　　为什么女人非要纯真不可呢？单纯的猎物，自然很容易
上钩。自己跑到捕鲸人的船旁边，或是愿意伸出援手的单纯
想法都是可以被利用的。而女人内心的"女人应该……"的
想法，也是让自己受伤的原因之一。

　　父权主义思想用"女人应该做什么"不动声色地去逼
迫女人。

　　女人应该单纯和善良，应该有礼貌和温柔，应该忍耐和
牺牲，应该顺从男人，说话不可以大声……这样的女人才是
美丽的，这样的女人才能够得到男人的爱。

　　在父权社会下，自主、勇敢和积极是用来表达男性的形
容词，而女性却是被动和顺从。当他们对女人强调"要有女
人样"的时候，其实就是在制约女人的思考、行动和言论。
男人们为自我主张辩解时，会被称作"辩论家"。但女人只要
这么做，就会被看成是"倔强的女人"。

　　问题是这种社会文化也影响了女性对自己的想法。"女人

1　西比尔·比克霍伊泽-奥里《民间传说中的母性》（*Die Mutter im Märchen*）。

太聪明的话，会打压男人的气势。""对女人来说，长得漂亮才是最重要的。"等等。这些框架限制了女性对自己的想法。她们会在不知不觉中检查自己的样子是否"不够女性"。

我为了成为被爱的女人，长久以来对于"女人应该……"深信不疑且切实执行。但这却是让我自己走进不幸房间的原因。

对女人来说，最恐怖的存在原型应该是童话故事《蓝胡子》。蓝胡子娶过很多妻子，把妻子们杀掉后，将尸体藏在地下房间。不久，蓝胡子又娶了新的妻子。他把家中的钥匙交给妻子，并告诉她可以打开所有房间，唯独地下室的房间不可以。最后妻子还是打开了地下室的门，她看到了房间里那些前任妻子们的尸体。因为钥匙沾到了血，她被蓝胡子发现，幸好在自己哥哥们的帮助下逃过一劫。可是之前那些无法逃脱的女人们都惨遭杀害。

这个故事告诉我们，天真无邪的女人跟坏男人走，便会过着牺牲自我的悲惨人生。

罗伯特·A.约翰逊（Robert A. Johnson）在《她——通过神话阅读女性》（*She:Understanding Feminine Psychology*）中通过希腊神话中丘比特和普赛克的故事来说明女性的心理。

丘比特费尽心思把普赛克带到一个自己安排好的乐园，并且跟对方约定只要不看到自己的脸，就可以一直在这个乐园中生活。丘比特通过这种方式控制了普赛克。（中略）在丘比特打造的乐园中不能追求对潜意识的觉醒，提问题一定不被许可。可是这样无法跟男人建立真诚的关系，而且必须完全臣服在男性无形的统治下才能够生存。

绝对不能看到先生的脸，绝对不能打开的房间。这些都表示女人只有保持纯真才能继续在乐园生活。也就是说，只有纯真的妻子，才能够得到先生的爱。当普赛克拿起灯想看先生的脸时，丘比特就离开了普赛克。妻子就这样被遗弃了。

结婚前，跟男人约会的时候，有些女人会假装自己什么都不懂，表现出纯真的模样。好像当一个不谙世事的女人，只要说"我什么也不知道"，就可以得到男人更多的爱和保护。这个纯真模样，在婚后也得继续维持。我即便在求学时学过女性学，也只是文字的学习，无法感受在实际生活中的不平等，无法以一个女人的身份，堂堂正正地生活。

不能看到先生的脸和不能打开的房间，这些都是长久以来无法打破的禁忌。因为好像女人如果不做先生希望的事，就无法得到爱，甚至会害怕就此被抛弃。可笑的是，当先生离我越来越远的时候，我就会更加努力成为先生想要看到的样子。女人虽然愤愤不平，但更加害怕被遗弃，所以完全不敢打破禁忌。

因为必须在先生和公婆面前屈服于"看不到的控制"，才能够生存。因为太过害怕，连拿起灯看先生和公婆脸的勇气也没有。这样下去，生活只会更加悲惨。

为了自己举起了刀和灯火

回看过往，我常常觉得自己很愚昧。因为自己的无知和天真而让婚姻生活变得痛苦。不知道问题在哪里，也不知道该如何解决，总是陷入混乱完全找不出头绪。因为太过害怕而无法拿起刀和灯火。因为太过害怕而假装看不到真实。

汤姆·福特（Tom Ford）执导的《夜行动物》中，女主角苏珊拥有让众人羡慕的一切。但苏珊因为严重失眠，生活根本不幸福，甚至对于自己拥有"不幸福的感受"都带着罪恶感。

"我有感到不幸的资格吗？我拥有了一切却还认为自己不幸，真的太不知羞耻了。"这是苏珊对朋友说的话。面对这样的苏珊，朋友的先生对她说："这个世界本来就是不合理的。你认同这一点的话，会过得比较轻松一些。我们跟其他人相比，已经不算辛苦了。"他建议苏珊得过且过活着就好。

苏珊并没有说出自己为何不幸福的原因。即使她知道先生有外遇，也得装作不知道。她没有勇气拿起灯，看清自己人生中不合理的地方，反而跟过得不好的人相比，更愿意安慰自己并逃避现实的问题。

苏珊当年爱上贫穷的小说家爱德华时，遭到母亲强烈的反对。因为生活在上流社会的母亲认为苏珊跟自己一样，不可能放弃奢华的生活。而贫穷的爱德华，没有能力让苏珊过上富裕的生活。听到母亲说，要是跟爱德华结婚，不可能过得幸福时，苏珊反驳：

"我跟妈妈不一样，我绝对不要像妈妈那样生活。"

然而，母亲依然坚持自己的想法：

"等着看吧！我们每个人最终都会变得和自己的母亲一样。"

如同母亲所预料的，最后苏珊跟爱德华离婚，改嫁了高富帅的男人。因为苏珊最终还是无法抛下，能够享受父母和先生财富的人生。就这样，苏珊选择跟妈妈相同的路，过着不是自己而是延续母亲的人生。母亲的人生表面上拥有一切，但却是没有核心的空壳。没有"自己"这个核心的人生，终究是不可能幸福的。

我小时候住的房子也被爸妈当成店面，我们没有搬过家，一直住在同一个地方。因为我不喜欢，好几次缠着妈妈要求搬到独立的住宅或是有大门的房子。每次妈妈都会毫不犹豫地拒绝。

"比上不足，比下有余。""即使是木屋，你也要懂得感恩至少有自己的家。"……母亲认为，过着匮乏的生活是自己的命运，必须接受，而且也教导我们必须忍耐。小时候，每次听到母亲这些话，我也会跟苏珊一样反驳："我才不会那样！"虽然对母亲这么说，但我并不知道要如何才能过得不一样，也没有去寻找方法。结果，切合了苏珊母亲所说的："等着看吧！我们每个人最终都会变得和自己的母亲一样。"

母亲的生活方式和观念也延续到我的人生。我的人生为什么不合理，要怎样做才能让婚姻幸福，我从来没有好好想过这些问题。我只是像母亲那样，看着比自己不幸的人来安慰自己。

罗伯特·A.约翰逊在他的书中提到，女性如果想摆脱纯真，需要"刀和灯火"。这也是普赛克为了逃出丘比特打造的虚幻乐园所使用的两个工具。刀是切割的工具，象征头脑清晰的理性和判断。灯火可以让我们照见黑暗中看不到的东西，从沉睡的潜意识状态中苏醒过来，点亮灯火，看到自己的样貌。现在，在这里，通过刀可以把人生中不合理的部分切割开来，并且彻底割除。[男人使用刀的时候，意味着"死亡"，但女人使用刀时，意味着"生存"（ make live ）。]

蓝胡子是坏男人的代表，外表看起来很有魅力，其实内心极为凶残，纯真的女性看不出来。她们只看到丘比特英俊潇洒的外表，看不到蓝胡子黑暗的内在。纯真的女人误以为看到的外表就是那个人的全部样貌。丘比特为了不让普赛克看到自己的脸，总是到了晚上才出现，只有这样普赛克才不会看到他真实的样子。

电影的片名《夜行动物》指的是在夜间活动的动物。夜行这个特性，象征着潜意识的活动。它会诱发隐藏在潜意识中我们残酷的动物性。潜意识下做出的行为，杀伤力更强。苏珊和苏珊的母亲表面上看起来是有教养、亲切的好人，其实，她们有着连自己也不知道的极为冷酷无情的一面。爱德华通过小说的方式来告诉苏珊，她伤害自己有多深。这也是他所写的小说为何名为《夜行动物》的原因。

凶残的动物性，并非只有苏珊或某些特定人才具备，它存在于所有人的潜意识中。因为是潜意识下发生的残酷行为，就连夜行动物自身也没有发觉。也因此，才会给自己和亲近的人带来极大的伤害。

把自己可以过得幸福的所有要素全部丢给男人，说"因为你爱我，应该知道要怎样做"，或是面对不合理的事时，宁可闭上眼睛，也不去争取自己该有的权利，这等于允许对方的"夜行动物性"更加放肆地伤害自己。

我们应该像普赛克那样拿起灯火，看到隐藏在背后的另一个样貌。那盏灯火同时也会照亮你自己，我们才会对从来没有意识到的"女人应该……"的所有制约提出疑问。这些问题持续点亮灯火。

"我是谁？女人为什么一定要那样活着？""我为什么一定要听从那个要求？那样做，我可以得到什么吗？""我想要摆脱痛苦，该怎样做呢？"

得到智慧的第一步就是提出问题。每一次提问，也就是找到答案的时候。

为了不再被内在或外在的邪恶诱导而牺牲自己，想要完全为自己而活的话，就必须一手拿着灯火，一手举起刀。女性的灯火可以带来智慧，女性的刀可以用来救自己。

练习独立，从害怕中找到自信

　　我其实花了很长的时间，去找出并解决自己和先生的问题。因为日常生活中遇到不合理事情时，我会认为那些都是理所当然的，所以我很难意识到不合理之处。直到发生了那件事，才让我认真地面对问题，开始思考。

　　这是十二年前发生的事情。那是先生休假在家休息的某个上午。孩子们都去上学了，先生躺在沙发上悠闲地看着电视。我在房间里看书，打算起身去泡茶的时候，突然觉得心脏有点抽痛。"咦，怎么会这样？心脏怎么会痛？"我边感到奇怪边走出房间，对着在客厅的先生说："好奇怪！我突然心脏很痛。"话刚说完，心脏就像被用力揪住似的痛到不行。因为实在太痛，也太过突然，我的眼泪瞬间如洪水般涌出。

　　被吓到的先生问道："怎么会这样？"但我实在太痛，答不出来话来。

　　"心……好痛……"

先生被吓得惊慌失措。我边哭还边勉强出声安慰他：

"没关系……等一下就会好。"

话虽这样说，我的眼泪还是止不住。先生扶着我走进卧室，让我躺在床上。即使如此，我还是哭个不停，因为心痛而流眼泪，但流泪后心更加痛。先生实在不知道该怎么办才好，想带我去医院，可我完全动不了。过了一会儿，我全身蜷缩又持续哭了好一阵子。慢慢地，痛的感觉开始缓和，我的哭声才慢慢停止。

随着时间的流逝，这种突然出现的痛症像海市蜃楼般消失。如暴风雨般的痛感荒谬得让人难以置信。

"发生什么事情了吗？为什么会这样呢？"

如同梦境会传达潜意识的信息，我认为这次的异常心痛，也是为了传达给我某个一定要知道的紧急事件。潜意识有时候就像紧急电报那样，即使是清醒的时候，也会丢出信息。我开始认真思考这件事代表的意义。"难以忍受的心痛"为什么偏偏在先生悠闲的时刻出现？这么来看的话，这次的心痛是不是也跟先生有关系？如果是，是什么关系呢？可惜，当时的我不了解心痛和眼泪的意义。

之后，因为开始慢慢意识到自己和先生之间的问题，我才知道，原来那个不明的痛症，象征着我痛苦不堪的婚姻生活。自己太过软弱和恐惧了，那些都是长期以来被压抑在内心的愤怒、不合理、寂寞的眼泪。同时也是再也不要因为先生隐忍吞泪的呐喊。

慢慢地，我开始表达自己的情感，开始对先生说出内心话。但即使是小事情，先生也是异常固执，例如洗碗。为了让他心甘情愿洗碗，我花了超过五年的时间。先生是几十年来，从来没做过任何家务的人。因此，要改变他，要花很多时间也是自然的。问题是，并非只有洗碗这件事情而已。我们夫妻间累积起来的不平等问题实在太多了，就连洗碗这件小事，也要花这样长的时间。再加上，每次我们有冲突时，先生都跟铜墙铁壁般完全不为所动。我突然意识到要一个个解决所有问题，是不可能达成的任务。光洗碗这件事就花了五年，那要到哪年哪月才能全部改变呢？我不想这辈子整天都跟先生争吵。我觉得无论怎样做，先生的态度也不可能改变，或许只有离婚这个方法。

第一次有离婚这个念头是发现先生有外遇的时候，可是当时的我没有勇气跟先生提出离婚。因为太过害怕，所以即使说了，听起来也只是"亲爱的，不要再让我伤心了"这样诉苦的话罢了。

　　说真的，离婚对于当时的我来说是完全无法想象的，那是多么可怕的事情啊！再来，我也没有可以一个人生活的自信。因为我太过软弱，好像没有先生就无法过日子，所以面对他的外遇或其他霸道行为，我一点也不敢正面去对抗。他从来不认为要反省自己的行为，也不觉得需要改变。这是先生一直以来的态度。对于我对他所说的辛苦，在他眼中不过是牢骚或唠叨而已。对于家务完全不关心，对于自己该享受的权利认为理所当然，但对于自己"加害"在妻子身上的不平等对待，却装作看不到。因为他认为妻子对先生必须完全忍耐和理解。

　　婚后没有先生陪同的我，一个人走得又寂寞又痛苦。突如其来的痛症象征着我长久以来独自忍受的事情。再也不能让自己再心痛了！我一定要结束这段先生总是不陪伴的不完整婚姻。

　　为了可以这样做，首先我必须摆脱经济上对先生的依赖。如果现在马上离婚，我连房子的一角也没的住，至少我要有可以租房子的钱。

　　随着孩子们年龄增长，学费的支出也越来越多。身为上班族，先生不管孩子已经长大，需要更多支出，每个月给的家用还是一样。当我因为孩子学费支出变多而抱怨生活费不够时，先生却说："难道你要我去当小偷吗？"我实在不想跟他理论，只好节省家用，也因此自己很难存到私房钱。

然而，想要独立生活的第一个条件，就是要有钱。如果要等到家用比较充裕的时候再来存，实在太难了。因此，即使是很少的钱，我也必须开始存。也就是从那个时候起，我为了减少不必要的开销开始记账。开始工作后收到讲义费时，也另外存起来。我真的什么钱也不花，只顾着认真存钱。就这样，六年来我存了 2000 万韩元。

"女人要独立，首先必须有钱。"我真的深深体会到这句话的重要。这是为了离婚后可以独立生活存到的一小笔钱，却给予我很大的力量。因为有了这笔钱，我慢慢地敢说出自己的内心话。

接下来，要好好计算一个人生活所需要的生活费。

我查了一下套房的租金，在首尔附近的话，大概是 20 万韩元[1]左右。离地铁站远一点的话，约 20 万 ~ 30 万韩元就能租到不错的房子。如果一个人生活，戒掉咖啡，每天的餐费控制在 1 万韩元之内的话，应该没有什么问题。一个月的餐费算 30 万韩元，手机话费、水电费以及其他杂费约 20 万

1　1 元人民币约合 167 韩元。

韩元，租金 20 万 ~ 30 万韩元，这样算下来，一个月需要的总金额 70 万 ~ 80 万韩元。我觉得只要有了这笔钱，就可以独自生活了。如果更节省，租郊区便宜套房的话，一个月只要有 50 万 ~ 60 万韩元就足够。

经过这样具体的计算，我更加有信心了。我甚至买了定期储蓄，每个月只要缴 2 万多韩元。希望在将来，可以用自己的名字买下一间小公寓。

这时候我才知道，自己有没有经济能力这件事情，即使没有离婚，在心理上也是非常重要的。

在梦境中出现钱的话，代表能量和力量。而在现实生活中也是如此。钱成为我的能量。对于我来说，只要一想到自己拥有 2000 万韩元，内心就特别踏实。过去觉得没有先生就无法生存的恐惧，还有自己无法独立生活如同小孩般的依赖感通通消失了。

等存到可以独自生活的基本金额后，过去那个总是感到害怕的小孩总算长大，感觉自己是一个成人了，那种茫然的感觉终于消失。

如今，即使离婚，我也有信心独自生活。

PART 2

找寻自己

通过梦境面对自己

做梦，打开潜意识的箱子

虽然看不到，但幼年时期的我，总觉得有其他世界的存在。看不到，当然也就无法跟其他人说明。小时候，孩子们经常玩打弹珠或纸牌游戏。只要家里有小孩，就一定会有弹珠。比起打弹珠，我更加喜欢观赏五颜六色的弹珠。弹珠通过光线，靠近眼睛看的时候，真的非常神奇。那个看不到的世界仿佛可以通过弹珠看到。如今回想起来，小时候渴望的那个异世界，或许就是自己内在的宇宙，也就是"我是谁"。

长大之后，我更加想知道我是谁，我要怎样活着，这些问题的答案似乎可以在宗教中找到。从小时候开始，莫名的不安全感一直是我的人生背景，对于生活在未知的世界感到恐惧。感觉只要找到让自己害怕的原因，就可以平静生活。

结婚之后，迷茫的可怕人生变成了具体的艰苦日子。我总是无法从纠结的混乱中逃脱。刚开始，我是从女性学、宗教等相关书籍中去找寻答案。

之后，因为先生的外遇，我大受打击。为了找出痛苦的具体原因，我去看了精神科医生，还有神父、修女、僧人、教授、姐姐、朋友、母亲……只要是我觉得可能会知道答案的人，我都会紧紧抓着他们问个不停。可惜的是，没有一个人可以给我明确的答案。

我为什么会这样活着？我到底要怎样活下去？我们活着的意义是什么？只要能知道这些答案，要我走到天涯海角，我也愿意。但是，我根本不知道那个地方在哪里。后来，我通过父母教育课程和心理学开始接触梦的世界。

2007年，我参加了高慧晶（韩国的神话学者）的"梦工作坊"。那是我第一次参加梦工作坊举办的研讨会，参与者必须在大家面前说出自己的梦境。我永远都忘不了当时的我有多么紧张。因为我不了解梦，下意识地感到害怕，身体不断发抖。我把梦境抄写在笔记本上，拿着笔记本的双手抖个不停。当时坐在我旁边的人看到我的样子，应该都会感到非常奇怪吧！但这也是没办法的事情，每次研讨会上轮到我发言时，我都会发抖。严重的时候，我还能听到牙齿的碰撞声。当时我还不知道自己为什么会如此恐惧，明明在更多人面前上课时，我完全不会紧张。为什么在必须讲出梦境的时候就会发抖呢？后来，我才知道那是因为遇到了潜意识中的我。潜意识像黑盒子般无法探知，我就像要打开禁忌的箱子似的感到莫名恐惧。那个恐惧感仿佛我要打开的是绝对不能打开的箱子。

某次，我偶然看到雷梅迪奥斯·瓦罗（Remedios Varo）的画作《相遇》（*Encuentro*）。这幅画正画出了我在梦工作坊时发抖的样子。做梦就像是打开藏在我心深处的壁橱内的箱子。

一定要打开箱子的理由，就如同画中的女子那样。画中的女子穿的衣服就像是名为潜意识的纱布般，看起来如同惊涛骇浪，也像坟墓中捆绑住木乃伊的麻布。女子的身体极为干瘪，露出来的手脚只剩皮包骨。尖尖的下巴、空洞无神的眼睛以及没有一丝血色的脸，就像是因为生活的痛苦而显得无力。桌脚和椅脚又细又尖，象征着干枯、敏感又尖锐的心。

女子为了走出如同木乃伊般的枯燥人生，必须打开黑色的潜意识箱子。因为那个箱子内有女子被抢走的血和肉。她打开了第一个箱子，虽然极为恐惧，但唯有如此，才能看到自己真正的模样。内心世界的壁橱内满满的都是等待被打开的箱子。女子必须鼓起勇气把箱子一个个打开，这是女子必须面对的课题。只有打开箱子，身体上如木乃伊的麻布才会开始松开。就像是从蚕茧或鸡蛋壳内破洞而出，这是开始慢慢展现真实自我的瞬间。

希腊神话中普罗米修斯的弟弟厄庇墨透斯有一个箱子。

这是为了给人类打造乐园准备的箱子，但当时不需要的坏东西也被放入了箱子内。厄庇墨透斯告诉妻子潘多拉绝对不可以打开这个箱子。但潘多拉实在忍不住好奇心，最终还是打开了。于是在那个箱子里，会让人类不幸的灾难、痛苦、憎恨、怨恨、复仇、绝望全都跑了出来。潘多拉虽然立刻盖上了箱子，但这些不幸已经飞出。幸好箱子内还留有一样东西，那就是"希望"。

"绝对不可以打开"的禁忌，最后总会变成"一定要打开"。无论是打破哪种禁忌，要做之前，我们都会感到莫名的恐惧。

但是只有打开箱子，才能遇到完整且真实的自己。打开箱子的时候，你会先看到坏的东西。只有先接受这些不好的，才能发现更深层的我。在内心潜在的能力、能量、热情和智慧等，才能让人生过得更富足。

我们通过做梦可以打开这些潜意识的箱子。荣格曾经说过："我的梦就是我自身，我的人生，我的世界，我的现实。"[1]《塔木德》中也提到，梦是"来自神的情书"。神偶尔会写情书给我们，而我们早就具备读懂那封书信的能力。只是，因

1　卡尔·古斯塔夫·荣格（Carl Gustav Jung）《人及其象征》（*Man and His Symbols*）。

为从来没有使用过那种能力，需要开发。我的想法没有错，越是关心梦境，对于梦境的理解力越能随之提高。这一点对每个人来说都是一样的，因为最了解自己的人其实就是自己。想要读懂梦境传达的信息，只需要诚心和耐心就够了。就这样，我用超过十年的时间来探索我的梦境。

在这十年间，壁橱内的箱子被我打开了几个呢？我从2005年开始断断续续地记录梦境，2007年开始正式记录，直到今日已累积四十本笔记了。

因为害怕而不断颤抖的双手打开箱子后，看到的却是自己黑暗的一面，对于我来说是极为痛苦的过程。即使如此，我还是无法停止打开箱子。原因如同潘多拉的箱子一般，在箱子内还有希望。每回做梦，让深陷痛苦的我支撑下去的力量，就是这个希望。无论那个梦境多么残酷无情，都一定还有希望。我就是这样拉着梦境中的希望之绳，通过记录梦境找到自己。当无法言喻的不安和恐惧来袭，或是渴望内心平和时，我就会打开梦的箱子。我后来才知道，在自己的梦中，除了有创伤和痛苦外，还有更深层的智慧，以及找到人生平衡点和方向的线索。无论是谁，只要有勇气打开那些箱子，就可以发现自己渴望得到的东西，其实就存在于自己的内心。梦境是潘多拉的箱子，也是给自己的礼物。

从重复的梦中找出意义

电影《土拨鼠之日》中男主角菲尔·唐纳每天都活在同一天里。早上六点醒来之后，听到的广播和昨天一模一样；打开窗帘，发现窗外的风景居然也跟昨天相同。走在跟昨天相同的路上，遇到跟昨天相同的路人，自己也跟昨天一样踩到水坑，每天都重复昨天的情景。

"我的明天不来的话，怎么办？不，是连今天也没来。"

菲尔·唐纳最后实在受不了每天相同的生活，于是开始用各种方法自杀。但第二天醒来还是一样，昨天就像掉入了黑洞。

就像这部电影，我们误以为每天都过得不一样，其实我们也只是在重复着毫无变化的日子。如果有一天，我们突然发觉，自己的人生不过是一再重复着相同的日子，会如何呢？

　　小时候，邻居家的阿姨是妈妈的好姐妹。如今她已经八十岁高龄了，依旧在夫家过得很艰苦。阿姨从年轻的时候就常常说，等孩子们长大，只要大儿子一结婚，她就要离婚。后来，大儿子和二儿子都结婚了，阿姨还是没有离婚。接着，阿姨又到处嚷嚷说，小儿子结婚后，她就要离婚。岁月就这样过去了，小儿子结婚了，阿姨也八十岁了，依然因为相同的问题跟先生争吵。当年阿姨大声喊着说要离婚的时候，我还以为阿姨马上就会离婚了。四五十年前阿姨因为先生而过得不快乐，如今还是因为先生而痛苦。孩子们都结婚了，阿姨好像活够了似的，只是一再重复着昨日的生活，任由时光流逝。孩子独立后，似乎是自己展开新人生的最佳时期，但阿姨也只是嘴上说说而已。

　　我朋友结婚的时候，她的婆婆正好五十一岁。因为有媳妇了，婆婆很自然的再也没有走进厨房。每天只等着吃媳妇准备的饭菜。那位婆婆每天醒来之后，直到睡觉前，都待在电视机前看电视剧。因为太少出门活动，越来越胖。某次下楼梯时，还扭伤了脚，之后就更少外出，几乎可以说完全不出门了。二十五年过去了，直到今日，她依然跟过去一样，每一天都从看电视开始，最后也在电视机前结束。朋友说二十五年前第一次看到婆婆的样子到今天完全没有改变，实在太让人惊讶了。

　　无论是谁在意识层次都是希望自己幸福的。可同时，却在潜意识的层次抱着已经习惯了的不幸活着。电影《肖申克的救赎》讲述的是监狱中囚犯的故事。监狱内的模范无期徒刑囚犯每十年会有一次假释听审的机会，只要通过就能被释放。囚犯们为了早日离开监狱，总会用尽心力表示自己已经改过向善了。可是每次都会被驳回。就这样，十年、二十年、三十年持续被驳回之后，囚犯们对外头自由世界已经没有任何迷恋。然而过了四五十年后，某位囚犯突然获得假释，重获自由。然而，经过五十年漫长的等待岁月，总算得到自由，离开监狱的长期囚犯，却自杀了。因为他已经习惯了监狱生活。无论是谁，离开熟悉的生活，走向全新的日子，其实跟死没两样。

　　我们的身体喜欢熟悉的事物，因为那是最舒适的。因为熟悉，连努力也不需要了。熟悉也代表着没有变化，重复着一模一样的日子。其实我们经常都在说着相同的话，做相同的事，只是地点和时间不同而已。有时候，甚至是在相同的地方跟相同的人反复说着相同的话题。就像生活没有任何变化的老人那样，反复说着过往的故事，唠叨着相同的废话。

因为日子都一样，自然可说的只有过去的事。没有变化的生活或许过得很舒适，但没有付出行动，也绝不会有变化。

而我呢？我每天由记录梦境开始一天的生活。某天，我认真翻阅着自己记录下来的梦时，突然发现，我做的梦居然很类似，有许多梦一再重复。反复出现相同或类似的梦境，代表我人生的某一部分也一直在重复。在现实生活中，我并没有意识到这件事，但梦告诉我，自己一直在重复着过去某部分的生活。就像电影《土拨鼠之日》中菲尔·唐纳那样，早上醒来听到相同的广播，看到相同的窗外风景。因为我正在重复着昨日的生活，所以才会一直做着相同的梦。

反复做着相同的梦的另外一个原因是，对我们自身来说，有某件重要的事情没有解决。梦通过重复的方式来强调，那件事情对我们来说非常重要。只有解开心中那个问题，我们的人生才能获得释放。

在重复出现的梦中，隐藏着我们不想记起来的创伤、痛苦、过失等。就像出现裂痕的唱盘，总是无法跳到下一步，一直重复着相同区间的声音。

2017 年由金明民主演的电影《一天》，讲述的也是重复过着同一天的故事。电影中男主角不断经历女儿发生车祸前的两个小时。每天一睁开眼睛，就开始重返那个痛苦的时刻。无论男主角怎样努力阻止女儿死亡，每次都只能眼睁睁地看着她在自己面前死去。这样的痛苦就像是神给予的惩罚。在神话故事中，如果我们欺骗了神或是偷了神的东西，就会被神惩罚，会永远重复着相同的痛苦。

普罗米修斯把宙斯的火种偷来给了人类。宙斯为了惩罚他，每天白天都派老鹰去啄食他的肝脏。可是一到晚上普罗米修斯的肝脏又会再长出来。于是，第二天他又要再次忍受被老鹰啄食的痛苦。西西弗斯因为欺骗了神，被处罚把一块巨石推到山顶。可是，巨石总是一再滚落，西西弗斯只能永无止境地推着石头。坦塔罗斯是宙斯的儿子，但却偷了神的饮品给人类，甚至杀了自己的儿子做成食物。于是，神处罚他永远无法摆脱口渴和饥饿的痛苦。他们必须不断重复痛苦：永世无法脱身。

电影《一天》中，男主角为了救女儿尝试所有方法，依然无法逃脱女儿死亡的痛苦命运。最后，男主角发觉，因为某种力量，自己才无法阻止事情发生。在反复的痛苦中隐藏着秘密，而这原因竟然在自己身上，因为某个不想记起来的错误，才导致这个悲剧的发生。如果不去解决这个问题，就无法摆脱痛苦。男主角面临自己不想碰触的，也是最难的问题。

　　如果想要从一再重复的生活中跳脱出来，过上全新的日子，该怎样做呢？能改变重复习惯的力量就是"渴望"。只要你足够渴望，不管是什么事情都可以改变。当你真的迫切渴望想要改变的时候，无论要你做什么事，就算失去生命，你都愿意接受。接下来，就是行动。

　　那是怎样的行动呢？跟昨天（过去）不一样的行动。去做自己最害怕、最恐惧的事。正面迎战过去所逃避的问题。

　　我们的问题是内心虽然渴望变化，但身体却没有行动。社会上所说的"NATO 族"就是只说不做的人，"NATO"是"No Action, Talk Only"的缩写。没有付出行动的话，人生是不会有任何变化的。

　　抱怨，是不会有任何改变的。意思是如果想要有所变化，必须付出努力，必须不间断地采取跟过去不同的行动才能够培养出新习惯。当然，想要拥有跟过去不同的模样，必须花相当长的时间。电影《摩登时代》中，男主角查理整天在工厂做着拧螺丝的工作。一天工作结束后，在查理眼中所有东西都像螺丝，都需要拧紧。工作时间虽然结束了，可查理的双手却无法停止，那是由于身体的惯性所造成的。因此，想要改变过去的生活方式，必须先改变身体的惯性。想要改掉某个习惯，需要每天持续用其他行动来取代，所需要的时间也跟养成原本习惯的时间一样长。

我们回到电影《土拨鼠之日》中。这部电影的导演在访谈中提到，电影中每天重复的日子应该有三十年左右。这句话的意思是，如果一个人想要完全改变，需要三十年的时间。在电影中，菲尔·唐纳开始尝试从没做过的事。每天学习弹钢琴、调音。全新的事情要每天、一年、十年持续地做，就只是那样而已。然后某一天，菲尔·唐纳在宴会上愉快地弹着钢琴的时候，看到自己所爱的女人，打扮得漂漂亮亮出现在眼前。

菲尔·唐纳每天都会做不一样的事情，终于有一天，昨天消失得无影无踪，他总算摆脱了名为昨天的黑洞。当菲尔·唐纳第二天再次醒来的时候，总算等到了明天。菲尔·唐纳开心地说：

"不一样的今天总算到了。长到不能再长的一天结束了。"

结束代代相传的不幸

我为了做两年一次的健康检查来到了医院。在检查之前，都得先填问卷，里头有好几个跟原生家庭父母病史相关的问题。源自同一家族的相同疾病的概率很高。生活在一起，环境、文化、饮食、习惯都相同，自然也会得类似的疾病，这是在不知不觉中传承下来的。不只是身体的疾病，就连不幸也是。

某次我在电视上见到有关猫的实验。实验者把老虎的叫声录下来，给从未见过老虎的猫听。从未听过老虎叫声的猫，听到后马上全身僵硬。对于猫来说，老虎是强大的捕食者，这种集体无意识已经深深烙印在猫的遗传基因里了。因此，即使只是听到声音，猫也会本能地感到死亡的恐惧。

这种集体潜意识的影响并非只在猫身上。分析心理学的创始者卡尔·荣格发现，所有人都有内在化的集体潜意识。上一辈经历过的战争创伤和痛苦会传给下一代，即便他们没有

经历过战争也会莫名其妙地感到痛苦。这些事有时候会通过
梦传递出来。我有位同事的爸爸是朝鲜战争中的特种兵。战
争结束后，依然饱受战争阴影的折磨，最后酒精中毒而过世。
可是，我的同事是战争结束后才出生的，她经常反复梦到爸
爸经历战争时腥风血雨的场面。她找不出原因，只能忍受着
这些痛苦。有时候，莫名的梦境可以往回追溯到前面好几代，
甚至联结到所有祖先、人类的集体潜意识。

　　如果你正因为莫名的原因而感到痛苦，跟找出疾病的来
历一样，看看父母是怎样生活的吧！我们的父母过得幸福
吗？如果他们过得不幸福，原因是什么呢？或许找到父母不
幸的原因，就可以发现自己为何总感到不幸。

　　我的父亲就像被惩罚的西西弗斯那样，不停地努力工作。
白天他要忙着店内的生意，晚上还要上台演奏，每天都是搭
最后一班车回家。但为了第二天的生意，凌晨就得起床准备。
我小时候，记忆中的父亲，除了中午稍微午睡会儿外，其他
时间都在工作。即使店里稍有空闲，父亲也会忙着养鸡，或
是动手做些家里需要的物品。无论在谁的眼中，父亲都是诚
恳且有责任感的人。我从没看到过父亲喝醉酒耍酒疯的样子。
可是，这样不分昼夜努力工作的父亲，好不容易存到的钱，
却被朋友骗走了，一瞬间全没了。虽然父亲感到绝望，但没

过多久，他就像是为了弥补自己的过失一样，更加拼命地工作。最后因意外事故就这样结束了一生。

母亲跟随着这样努力活着的父亲，我不知道她是否觉得辛苦。但母亲常说："即使神让时间倒流，让我可以再次回到年轻的时候，我也不要回去。"年轻的时候太苦了，但即使受苦，母亲也总是告诫我们，必须懂得牺牲和忍耐。我一直以为父母亲的人生是他们自己的人生，是和我完全不同世界的事。

我的不幸之所以一再出现，是由于我不了解自己。正因为不了解自己，自然也就不知道自己应该怎样活着。随着岁月流逝，我才发现我的身体里有一半是父亲，有一半是母亲。在不知不觉中，我也牺牲了自己，勤勉地生活。如果只知道"活着要努力，要牺牲自己"，那么这些事情就会像磁铁般被吸引过来。因此知道"我为什么而活"非常重要。

古罗马斯多葛学派哲学家爱比克泰德曾说过："让我们感到痛苦的并非发生的事件本身，而是我们对于那个事件的想法。"让我感到痛苦的不是某件事情，而是在所有情况下都要努力，而且牺牲自己才能活下去的想法。

这样的想法如今也传到我女儿身上。独立出去生活的女

儿，发现自己一直以来也以让自己不幸的习惯活着。女儿在
独立生活的第一天晚上做了个梦。

我的房间内有许多鬼。我可以轻松地把它们消灭，因此
大多数鬼都消失了。但是有一只特别地强大。我心想，无论
如何我也要把这个家伙消灭。

我跟女儿说所谓的鬼是"虽然看不到，但是会让我们的
害怕和恐惧倍增，进而使自己痛苦的存在"。女儿边说着梦
境，边意识到原来是自己让害怕和恐惧变大，进而使自己过
得不幸。如今，痛苦和不幸会根据我们对事情处理方式的不
同，而产生不同结果。也就是说，有可能会陷在其中走不出
来，也有可能轻易地就解除了。

女儿告诉我，她搬家之后，大概过了两三天，晚上睡觉
的时候，听到厕所传来滴水声。如果是以前的她，会因为那
个声音而联想到许多恐怖的事情，完全无法入睡。可是，这
次不一样了。"水龙头漏水了！"女儿就这样接受了这个事
实。女儿马上起床，去厕所把水龙头拧紧后继续睡。过了两
三天后，又发生了一件事情。深夜，她听到门外传来有人按
电子门锁的声音。在没有家人同住的房子发生这种事情，女

儿说以前她一定会怕得直发抖。可是，这一次她一点也不害怕。因为她刚搬到这里时，也曾走错楼层，按错别家的门锁。"应该是有人按错了。"女儿只是这样想而已，不久之后就再也听不到任何声音了。

女儿通过这些事情，发现了过去让自己感到痛苦的一些想法。也就是说，自己在不知不觉中养成了不幸的习惯。女儿说当她了解到这些后，决定开始培养让自己幸福的习惯。当我听到女儿说不幸的原因在于自己的想法，而自己可以选择幸福或不幸的时候，我真的觉得女儿变成了大人。

痛苦的事情反复发生的时候，这件事会以不同的样貌在梦中反复出现。这时候，要好好观察并找出造成痛苦的原因。如果因为害怕或觉得麻烦而不去解决的话，这个看不到的痛苦将会永远纠缠着你。读懂梦中出现的信息后，相同的梦就不会再出现了。一再重复的梦是要提醒我们，必须鼓起勇气把过去的痛苦结束。小时候我们是软弱的小孩，无力改变什么。但如今我们已成为可以结束那些痛苦的成年人了。

再怎样努力也无法顺利上厕所

　　对我来说，让我不幸的原因主要有几个：第一，我无法自由表达我的想法、意见，以及想要的东西；再者，当我在做决定或选择时，就像没有手的人，总是只能无条件地听从男人，也就是权威者的话；还有，无法从软弱且必须依赖别人的小孩模样，变成有力量的大人。这些性格特点，让我重复做着无法大小便的梦、没有手的梦，还有跟死亡有关的梦。

　　从很小的时候，我就开始反复做着无法顺利大小便的梦。即使很急，可是在梦中无论怎样也无法顺利上厕所，直到最后惊醒过来。

- 尿急，但是找不到厕所。
- 到了厕所，可是因为人太多而进不去。
- 厕所里没有马桶。或是有马桶，但排泄物溢出来了。
- 终于到了厕所，可是门锁坏了。门无法关起来，只好打开，但担心会被别人看见。

在梦中，我总是因为各种原因而无法上厕所，最后惊醒过来。我们吃完食物后，食物在体内被消化分解，会成为养分被身体吸收，剩余的残留物则成为大小便被排出体外。身体内累积的废物到了某个时间点，就会传达信号给身体，于是我们就会把这些废物给排出。大小便是自然会发生的现象，无法被压抑和忍耐。如果长期忍耐，就会便秘，心脏或大肠也会因此产生疾病。我们的心灵也是如此。每天产生的想法、情绪，以及吸收到的信息在内心消化吸收之后，到了某个时间点就必须排出来（发泄或表达）。如果无法顺利那样做的话，心灵也会便秘。

当我无法表达自己内心的感觉、情绪和想法的时候，我就会做无法大小便或是找不到厕所的梦。神话学者高慧晶表示，做这种梦的时候，要问自己："内心有什么想法或感觉无法表达出来？"如果知道那是什么的话，想办法表达出来，在梦中也就能顺利上厕所。

想要过着健全的生活，就需要认同自己内在那些负面的想法、情绪、感觉。假如我们因为认为自己是很不错的人，是个成熟的大人，而忽略心中不好的想法、负面的情绪，那么就跟忍耐便意是一样的。

　　我还是小学生时，一直以为老师是不会去肮脏的厕所（传统蹲式厕所）大小便的。某天，我看到一位美丽的女老师从厕所走出来，就像发现天大的秘密似的觉得不可思议。如果你想让自己看起来像是不需要大小便的干净的人，那只会让排泄变得更加困难。当你想要表达某个想法或感觉时，因为害怕被对方当成奇怪的人而无法顺利说出来，就会像误以为自己是不需要大小便的人一样。绝对不能忘记自己的内在，不，是所有人的内在都需要排泄这个事实。

　　小时候，在我的潜意识中，对于心灵的排泄有所恐惧，因为母亲无法忍受小孩的哭声。母亲的哥哥嫂嫂生第一个小孩的时候，夫妻俩都在工作，所以请母亲过去帮忙照顾小孩。可是，母亲很难忍受小孩的哭声。有一次，小孩因为生病住院一星期。母亲承受不住每天哭闹的小孩，不得不叫在外地当公务员的弟媳来帮忙。从那天开始，母亲就不再帮忙照顾小孩了，不管是谁的小孩都不再帮忙。母亲只要一听到小孩的哭声，就会非常痛苦，也因此生病。或许母亲是害怕碰触自己一直在回避的伤心过往，才会潜意识地对孩子的哭声感到恐惧。

　　小的时候，我们不可以哭出声音，不可以大声发脾气，也不能表达自己的想法和感觉。因此，我们总是忍耐着。但就像无法忍住大小便那样，如果内心的情绪、想法一直忍耐的话，就会不断出现无法排泄的梦境。我即使离开爸妈，成为大人之后，还是会持续做着无法排泄的梦。

一般来说，我的想法和感觉无法表达，被压抑住的原因是感受到不安。这是发生在我小学时候的事了。记忆中，我站在摆放食物的餐桌前，因为某件事情而正在被母亲责骂。虽然想不起来被骂的原因，但依然记得当时的感受。我感到非常郁闷，希望母亲可以好好听我说，但是母亲不想听。无法表达郁闷心情的我，就像是为了示威一样，坐在餐桌前，但拒绝吃饭。虽然做法消极，但这是我当时唯一能采取的方式。"我真的很郁闷。"我全身上下都在这样说着，对心灵无法排泄表示不满。

长大之后，我还是会做无法上厕所的梦。这些梦告诉我，自己依然像小时候那样忍耐着。也就是说，当心灵需要排泄时，我还是那个坐在母亲面前的小孩。每次要上厕所的时候，我都会感到不安，就像小时候母亲不听我解释那样，我自己阻碍了排泄。

我有尿意的时候，怎么都找不到厕所。实在忍不住了，就在旁边的米袋上尿了出来。尿完后，我才发现袋子里面装着满满的新鲜活鱼。

这是在梦境研讨会中某位女性分享的梦。这位女性想起这个梦的时候，首先想到的是"总算尿出来了"。她说这个梦好像是一个礼物。

我们每天都会产生许多想法和感觉，有些连自己都觉得过分或奇怪，甚至当觉得说出来会有危险时，我们也绝对不会说出口。

例如，有时候实在太讨厌某个人了，会想那个人最好去死。或是看到某个人就充满嫉妒，很想杀了对方。这时候，我们会认为自己明明是个好人，不可以让别人知道自己内心有这种邪恶的念头，于是就会开始压抑。其实，我们并没有想把这些邪恶的念头付诸行动。而且，这是无论是谁都会产生的想法和情绪。

前面提到的那位女性，就是因为认同并接受了自己内心的某种想法、情绪之后，通过某个方式将其表达出来，于是梦中通过像是礼物般的满袋新鲜活鱼来展现这样的改变。对于自己的想法、情绪，首先需要认同"我是怎样想的怎样感受的"，接着去认同和接受。

作家金炯璟虽然不是心理学专业背景，却写过不少心理类书籍。会变成这样的契机，是因为他从小学五年级的时候开始写日记。当时他的爸妈离婚，自己一个人过着寄宿生活，内心充满忧郁和不安，对于世界和爸妈也充满了愤怒。于是，他开始通过写日记来抒发自己内心的无奈。他在日记中写满了无法说出来的丑陋和脏话，下面是金炯璟作家写的自传：

小学时，老师看过我的日记后，不但没有责备我，反而支持我继续写下去，还颁了奖给我。甚至，还把我的日记展示在走廊上。如果没有写日记的话，我内在的愤怒可能无法排解，说不定还会做出不道德的行为。我持续写日记直到读大学时，才以写作来取代日记。

危险或不愉快的想法、情绪等，如果无法通过某种方式表达出来，就会变成垃圾累积在心里，进而影响到心灵。因此，如果想要安全地把各种想法和情绪排泄出来，就需要有自己的厕所。

对于我来说，使用内心厕所的方法之一就是跟金炯璟一样，写日记。我开始记录梦境之后，也同时开始写日记。写日记的好处之一是安全。无论在日记中写了什么内容，都不需要担心被检视。同时也可以轻轻松松，不需要思考，随心所欲地把内心所有想法通通吐出来。即使不是写在日记本上也没关系，随便在一张纸上写出内心的想法之后，再毁掉也可以。我曾经把想说的脏话全写在纸上，可是自己会说的实在没几个，最后还上网查，然后把查到的脏话全写了一遍。这样做之后，虽然感觉累积的气愤好像消失一些了，可心里还是觉得生气。于是，我用红色签字笔，把之前用铅笔写过的脏话，再写一次，还骂出口。这样做完后，我的内心才真的感到痛快。最后，我把那些纸张在厕所内烧掉了。这是让我痛快排泄的方法。

我的儿子和女儿现在虽然感情很好，但小时候经常吵架。特别是青春期的时候，吵得特别凶。当时，儿子常常因为女儿的过分言语而感到痛苦。不过，不知道从何时开始，儿子有些改变了。很久之后，儿子才告诉我们，他的秘诀是写复仇日记。有一次实在太生气，居然写了五六张。不过，神奇的是这样写之后，不只气消了，也让儿子可以从理性的角度重新去看待这些事情。现在那些复仇日记已成为记忆中的日记了。

如果写日记对你负担很大的话，也可以绘画或涂鸦。不管哪种方式都好，只要能够让内心不好的感受，不再累积或压抑就可以，最重要的是表达出来。

　　如果以上提到的方法，你还是觉得麻烦的话，还有一个方法，就是对值得信赖的朋友或熟人倾吐。即使这样的人只有一位也没关系。对我来说，无论什么事情都可以分享的人是我的妹妹。我们每周都会见一两次面，分享彼此的事情。从去年夏天开始，我们每周都会去一次汗蒸。只要一杯咖啡的钱就可以自由自在地待在那里。累积了一周的情绪垃圾可以好好倾倒，当然附加的价值是，在那里还能泡个澡。

　　在回家之前，先洗个澡，帮彼此搓背，内心垃圾排放出来之后，把身体洗干净，这里是疗愈我和妹妹的情绪厕所。

　　为了可以健康地活着，排泄是多么正常和自然的事情。但心灵的排泄因为看不到，让人误以为只要忍耐就没事。但一直这样下去，这些心灵的废物就会变成看不到的暴力。因此，我们要不停地找出抒发的方法。不管用什么方法，只要丢掉累积在内心的垃圾，我们在梦中自然也就能顺利地上厕所。

没有手和手被绑起来的梦

　　童话故事《无手的少女》讲的是这样一个故事：有一位很穷的磨坊主人，到森林砍柴时遇到了恶魔，恶魔和他做了一个交易。恶魔提议，只要磨坊主人在三年后，将位于磨坊后的东西给自己，就让磨坊主人变成大富翁。当时磨坊后头只有一棵苹果树而已，于是磨坊主人便答应了。三年后，到了履行交易的那天，磨坊主人的女儿正巧待在磨坊后面，于是她成为了父亲与恶魔交易的牺牲品。

　　恶魔要带走磨坊主的女儿的那天来了。磨坊主的女儿对上帝非常虔诚，她把自己洗得干干净净，用粉笔绕着自己画了一个圈，再用泪水洗净双手。恶魔无法靠近如此干净的她，便要求磨坊主人砍掉女儿的双手。无法不履行跟恶魔约定的磨坊主人只好照做。

　　失去双手的磨坊主的女儿离开了家，历经一番折磨遇到了邻国国王，并成为国王的妻子。国王为没有双手的妻子打造了一双银手。不久之后，国王因为战争而必须远行，于是拜托自己的母亲照顾妻子。国王离开之后，王后生下一个小孩。但由于恶魔调换了国王的信件，使王后蒙上生下怪物的罪名而被赶出王宫。王后逃进森林里，并在那里生活了七年。战争结束后，归来的国王花了七年的时间，终于在森林中找到了王后。在森林中，王后的双手长了出来。两人回到宫中再次举办了婚礼，从此过着幸福的日子。

《无手的少女》中贫穷的父亲因为跟恶魔做了交易，不得不砍掉女儿的双手。在父权文化中，也曾发生为了不让女性去做些什么，就砍了女性双手的事件。

梦工作者杰里米·泰勒（Jeremy Taylor）曾说过，全世界无数的女性都会做没有手或手被砍掉的梦。即便在现代，这样的梦境依然常常出现在女性的梦中。

父权主义的历史大约有七八千年。在父权主义的文化中，女性的双手也是属于男性的物品，那是他们的所有物，所以当女性不顺从男性，而想去做些什么时，他们就会把女性的双手砍掉。这样的事件，在历史上真实发生过。即使是现在，在父权主义依然强盛的地方还是持续发生着。

过去在孟加拉国就曾发生过，丈夫因妻子想要上大学，而将妻子的五根手指砍掉的事件。

法新社、英国《卫报》都有相关报道：

十五日，住在达卡的男子拉菲秋·伊斯朗（三十岁）因涉嫌砍了妻子哈瓦·阿赫塔尔米·朱伊（二十一岁）右手的五根手指而被警察逮捕。警察局长穆罕默德·萨拉胡丁表示："拉菲秋·伊斯朗的妻子已受过八年基础教育，但却未经丈夫允许决定要继续读大学。丈夫因为太过嫉妒才犯下这种罪过。"

在阿拉伯联合酋长国做外派劳务的拉菲秋·伊斯朗当时才刚回国，不管自己再怎样劝阻，妻子依然决意上大学。拉菲秋·伊斯朗由于太过生气，在这个月用胶带封住妻子的嘴巴后，用刀砍掉她的手指。其妻子透露："医生说假如在六个小时之内找回手指的话，便可以重新接回。但是丈夫却拒绝交出手指，最后还被他的亲戚丢到垃圾桶。"

要打造世界，必须从双手开始。双手象征着自我能力和创造力，也就是说我们可以通过双手，打造自己想要的人生。同时，双手在某些层面上也代表选择或决定权。

警察抓到嫌犯之后，为了不让他逃跑，会将嫌犯铐上手铐。双手被绑起来的时候，不管做什么都会受到限制，当然也就没有选择的余地。奴隶的手跟脚都是为了主人才能使用

的，在父权主义的文化中，女性没有选择权和决定权。如果
女性想要做选择或决定的话，就会被砍掉双手。选择和决定
属于男性，女性只能听从他们的决定，无法为自己的人生做
出选择。所有的决定都是由爸爸、丈夫、哥哥、弟弟来做。
所谓"三从四德"中的"三从"就是"未嫁从父，出嫁从夫，
夫死从子"。即便是现在，这些规范也被默默地套在女人身
上，至少我就是这样生活过来的。

手也可以用来表达。古罗马的教育家、演说家马库斯·法
比尤斯·昆体良（Marcus Fabius Quntinlianus）曾这样说过：
"用嘴巴可以做到的事情，手也可以全部做到。"手可以做到
的表达和象征非常多。手可以用来表示命令、保护、创作、
约定、坚强、祝福、力量、威胁、厌恶、译文、拒绝、开心、
伤心、告白、忏悔、数字、时间、犹豫、兴奋、禁止、惊讶、
美慕、脏话等。[1]

因此，失去双手的话，也就无法表达自己的意见或想法。

---

1   出自 J. C. 库珀（J. C. Cooper），《圆解传统象征符号百科全书》（*An Illustrated Encyclopaedia of Traditional Symbols*）。

失去了表达的方法，自然也就发不出声音。

结婚之后，我做了好几次没有手脚或是手脚被绑起来的梦。我先前曾提到过，在公婆家，女人是不能参与决定的。家里所有大小事情，全部由男人们讨论过后做决定，女人只能听从。公婆家中所有活动，我从来没有表达过意见。顺位排在最后的媳妇，只要听从差遣就可以了。

不只是我跟公婆的关系如此，我跟丈夫的关系也是如此。公婆家的女人们全都得顺从丈夫过日子。我认为自己跟公婆家的女人们不一样。但其实只是表面上看起来罢了，因为我也只是嘴巴上说说，但最后都是顺着丈夫的意思行动。因为这么做，内心会比较舒坦。

几年前，我跟关系不错的同事约好去印度旅行，于是我们一起存了一整年的旅费。等到要去旅行时，正好是女儿读高三前的寒假。丈夫认为女儿快要读高三了，身为妈妈怎么还去旅行，便叫我不要去。女儿认为自己的课业跟妈妈的旅行完全没关系，便鼓励我去。可是丈夫还是坚持反对。当时我也觉得去旅行没什么太大必要，于是就先缴了订金。可是，慢慢地不知道为什么，自己突然不想去了，我说服自己，以后还会有机会去。女儿就要读高三这件事情，一直让我很挂心。最后，我觉得身为妈妈，应该陪在女儿身边而放弃了旅行。

表面上我可以自己做出选择和决定，但其实我还是听从了丈夫的话。如果做了丈夫不喜欢的事，我就会莫名感到不安心，也会觉得那样做似乎真的不好。就像不听父亲话的女儿那样，心里很不安。

即使成为大人，可以做决定的双手，如果被砍了或是被绑起来，也无法做任何事，只能乖乖地顺从。和公婆、丈夫相处的我，就像是没有手脚一样。

我跟公婆提交媳妇辞职信后，从此再也不是谁的媳妇，可以完全为自己而活。这就像是仪式般的行动，代表了我的决心。从此我不再是在公婆家里那个，听从男人决定且需要依赖他人的女人。我之后的人生将由我自己做主。

可是，比起可以自由使用双手的喜悦，我感受到更多的是不安和害怕。每当我要做选择或决定的时候，都会产生莫名的罪恶感。使用（听从）我的手（决定），好像是不对的。我开始害怕使用自己的双手。最大的原因在于，选择之后自己必须承担那个责任。只是听从他人的决定来做事，自己当然不用负责。可是自己做决定的话，就必须负起责任，我因此感到恐惧。万一做出错误的决定怎么办？我害怕去承担那个不好的结果，还有也害怕因此而被责备。

第二个原因是罪恶感。就像乖小孩认为自己一定要听父亲的话那样，绝对不可以做自己想做的事情。乖小孩就像没有手的少女，只能在命运面前一直流眼泪，即使是为了自己，也不可以去抓住什么。

作为一个女性想要过自己的人生，首先必须离开父亲的领域，不能再当听从父亲的话的女儿，而是意识到自己是可以承担责任的成年人。一次也没有承担过任何责任的人生，自然需要练习。没有手的王后，在森林通过七年的时间，练习为自己的人生负责任。因此，才会长出健康的双手。

从森林中再次获得双手的王后回到王宫后，跟国王再次举办婚礼，从此过着幸福快乐的日子。之前的婚礼是为"没有双手的少女"举办的，这次是为找回双手"堂堂正正的成年人"举办的。国王和与自己具有同等力量的王后在一起，为接下来的人生做出选择和决定，共同承担责任，宫中的一切事务两人一起决定和负责，像这样关系平等的两个人才是幸福生活的基础。

关于死亡的梦, 新的开始

　　自杀、杀人、死亡或被杀的梦, 会出现在人生需要变化和成长的阶段。上了年纪之后, 死亡或生病是自然的现象, 但杀人或自杀却是有意识、有意图的行为。因此, 梦到自杀或杀人的话, 代表生活中遇到了巨大的变化或成长, 是需要根据自己的意识去选择并完成的。梦工作者杰里米·泰勒表示, 做这种梦的意义重大。在现实生活中, 要发生巨大变化时, 如果不把过去的自己杀掉, 难以产生变化和成长。

　　蛇在长大的过程中需要蜕皮, 就像换上新衣服似的。毛毛虫必须结成茧, 才能变成蝴蝶, 飞往外面的世界。这些道理都是相同的。虫自茧中要出来的时候, 必须把过去毛毛虫的模样丢弃, 人类不是这种会改变形态的动物, 因此无法从外观来判断。但是发生成长和变化的时候, 则经常会做杀掉自己的梦。

　　杰里米·泰勒曾跟酒精中毒者一起探索梦境。酒精中毒者要戒掉酒精是一件非常困难的事情，不过在戒酒的过程中，他们如果梦到自杀的话，杰里米·泰勒就会确信地说："这个人这次一定可以成功！"因为这代表着这个人在潜意识的深处具有坚定的意志，这意志在呐喊着："我再也不要当一个酒精中毒者了。"这时他就会做关于自杀的梦。

　　无论是谁都想成功戒掉毒瘾，但戒毒真的是一件痛苦到极点的事情。特别是当本人努力后，还戒不掉的话，会变得更加忧郁。当他深陷痛苦深渊时，也会给家人和周遭的人带来不幸。一直失败，便会感到极度悲哀，心里想着："真的再也活不下去了。"也就是在这时候，梦中会出现自杀。因为此时的他，非常渴望变化和成长，似乎真的只有杀了自己，才有可能重生。

　　不只是戒毒者，一般人也会有类似的过程。每个人好像都有属于自己的戒毒事件。因为太过寂寞，再也不想这样活下去，但痛苦的生活一再反复，让人更加忧郁。这时候绝对不可以假装看不到自己的忧郁，因为这负面的情绪是可以把我们从谷底拉上来的原动力。忧郁的时候，为了转换心情就去看电视、喝酒、吃美食，或做其他有趣的事，这么做并无法根除忧郁。

只有杀死象征过往的毛毛虫，才可以变成蝴蝶重生。毛毛虫和蝴蝶的人生是天跟地的差别。翅膀象征脱离过去，向上飞翔，将过去的习惯、价值观、信念全都抛开。只有杀掉过去的自己，才可以变成全新的自己且获得真正的成长。但我在要杀掉毛毛虫的时候，因为过于害怕，反而常常梦到自己为了活下去而逃避或逃跑。

我一定要死。可是我为了不想死得太痛苦，于是打算撞向在高速公路上奔驰的车子，好死得痛快。车子的速度快得令人害怕，我心想，就是这个时候了。可是那个瞬间实在让我太过于恐惧，所以当车子快撞上时，我本能地跳开来。最后还是没死。

人们为了去死，正在排队。我也排在队伍中。可是快轮到我的时候，我越来越害怕。排在我前面的只剩下一位，下一个就轮到我。我心想还是等等再死好了，于是逃开跑到队伍的最后面。

即使是在梦中，死亡出现在我面前时，那感觉还是真实得令我发麻。好像在梦中真的死了的话，那现实生活中的我也会跟着死去，从此我就会在这个世界上消失。正因为这种感觉，我在梦中常常无法死掉。

梦见死亡，就是为了告诉自己，必须杀掉那个软弱无能的我，莫名的罪恶感，让我痛苦的负面形象，不合理的偏见、习惯和价值观。只是要抛下长久以来一直那样生活着的自己，并不是件容易的事。我内心渴望消灭那些让自己痛苦的坏习惯，但它们已经内化成身体的一部分，即使知道这样会不幸，还是无法抛下。这时候，我们反而会抱着坏习惯不放手。所谓我的存在真的很顽强，明明知道只有脱下身上的破衣服才能够换上新衣，可这些破衣服却好像变成身上的血肉似的，根本脱不下来。

但回避或逃跑别说减少痛苦了，反而会让痛苦更加永无止境。就像只有靠自己才能戒毒一样，也只有本人才能终止这些反复出现的痛苦。"真的不能再这样活下去了。"只有有这样的觉悟，才可以在忧郁至极的时候，在梦中自杀或是死亡。

我做过从家中十四楼公寓往下跳、看到尸体灵魂出窍、撞上车子自杀、逃跑之后被枪杀以及被刀刺死的梦。

无论是谁都希望自己可以改变和成长，可是在死亡面前却感到莫大的恐惧。一位四十出头的女性，梦到丈夫死后，因自己不知道该如何一个人生活而哭醒。醒来之后，因为太过害怕，还再三确认正在睡觉的丈夫是否平安无事。一般来说，很多人会认为一定是自己心烦意乱，才会做这种不吉祥的梦。

这位女性的先生，因为上班的公司运营不佳，突然倒闭了。虽然找过其他工作，可是已超过一年都没有消息，账户里的钱也快见底了。眼看着小孩的补习费，还有公寓的管理费都无法再拖欠，实在没有其他办法，妻子只好自己出来赚钱。一开始，她也不知道自己可以做什么工作，幸好通过熟人介绍，开始到课后辅导班教小朋友。没想到，这份工作非常适合她，做起来也相当有趣。于是，她就干脆在自己家里成立补习班，帮孩子课后辅导。

这位女性开始问自己，丈夫对自己来说有什么意义。她的母亲曾对女儿们说，可以拿着丈夫赚来的钱生活的女人，才是好命的女人。她看着母亲一辈子作为全职主妇，漂漂亮亮老去的模样，也认为丈夫才是一家的支柱。于是她理所当然地成为全职主妇照顾丈夫，也将小孩养得健健康康。她认为这就是所谓的幸福人生。抱着这样的想法过了十七年的女性，要再次赚钱，真的非常不容易。但万万没想到，花着自己赚来的钱，居然能为自己带来极大的力量。她还说当自己不依赖丈夫，可以赚钱之后，开始产生了自豪感，有一种人生重新开始的感觉。也因为这个契机，看到了自己跟丈夫之间的不平等，也发现像母亲那样，依靠丈夫生活的人生，其实也付出了看不见的代价。

同时她也意识到，母亲觉得幸福的模样是母亲自己的价值观，跟她的人生没有关系。就像蝴蝶不可能再次变成毛毛虫那样，丈夫已经在梦中死去，她不可能再次依靠丈夫而活，也明白自己不可能再回到过去。

我们在意识中会区分好事和坏事。卡尔·荣格有过这样一个故事：荣格在路上遇到两位朋友，其中一个朋友说，自己刚被公司炒鱿鱼，荣格对他说："恭喜你了。"而当另一个朋友说自己在高薪的大公司上班时，荣格反而说："真是不幸。"因为人得到高薪时，就会想要更多，也就会更加不顾一地逼迫自己卖命。

我所经历的痛苦婚姻生活，说不定也是相同道理。正因为经历那些痛苦，才会有现在这样坚强的我。就跟荣格说的"恭喜你了"是一样的。如果没有经历那些痛苦，我不会渴望改变，更加不可能觉得需要杀掉过去的自己。

　　作为一个成年人，为了可以发出自己的声音，必须找到可以守护自己的力量。因此，杀掉过去那个软弱且依赖他人的自己，是一定要做的事。从这一层面来看，梦中的死亡对于自己的改变和成长来说，是非常重要的事情。

CHAPTER

2

我和你是照出对方的镜子

我们是彼此的镜子

　　童话故事《白雪公主》中有一面会跟王后说真话的镜子。王后每天早上起床后，都会先问镜子："镜子呀镜子，你说世上最美的人是谁？"镜子总是回答："世上最美的人就是王后您啊！"当白雪公主的美貌开始展露后，某天镜子却回答："世上最美的人是白雪公主。"王后因为嫉妒，所以打算杀死白雪公主。

　　我刚认识先生的时候，被他的踏实、从容、温和还有诚实吸引。而我看起来拥有明确的信念和坚强的外表，同时单纯和善良也深深吸引了他。先生自认为有点优柔寡断，所以觉得个性跟自己相反的妻子，显得很有魅力。当时我的人生看似掌握在自己手上，先生甚至认为，将来我们的小孩性格最好像我。我们彼此吸引对方，最重要的是我感觉先生喜欢这样的我。只要两人在一起，我只需要做我自己。我喜欢那样舒适的感觉，也喜欢那样的自己。

我们通过照出彼此的镜子，看到自己美好的一面而感到幸福。但婚后，住在同一个屋檐下，我们开始慢慢厌倦对方……不想让对方看到的样子，也开始让对方一一看到。就像王后想杀死公主那样，我们彼此想杀死对方令人讨厌的样子。我们的心变得残暴，也越来越丑陋。自身的痛苦原本该从自身寻找原因，但我却认为一切都是先生的错，而先生也认为是我没有理解他。我们两个人的心中开始累积愤怒和遗憾，慢慢走上不幸的恶循环。

心理学有一个术语叫"投射"。即把自己负面的想法、情感、行动等赋予他人，却否认自己是如此的现象。例如，我如果讨厌对方，就会认为对方无缘无故讨厌自己。我自己有父权主义的意识，就认为先生是父权主义者。就像必须通过镜子才能看到自己那样，我们无法看到自己内心的真实模样，必须通过他人这面镜子才能看得到。也就是说对方是我的镜子，我们是彼此的镜子。

《塔木德》中有一则拉比的故事：有两个打扫烟囱的少年从烟囱出来，一位少年因沾到烟囱内的烟尘，所以脸很脏，而另一位少年的脸却是干净的。拉比问："哪一位会去洗脸呢？"人们回答脸脏的少年会去洗脸。但拉比却说："不对，是脸干净的人会去洗。因为看到对方脏的脸，会认为自己的脸也脏了。"拉比接着说："两位少年一起进入烟囱打扫，不可能一个是干净的而另一个是脏的。两个人都脏了，所以两个人都要洗。"

烟囱内的两位少年就好像住在同一个屋檐下的夫妻一样。对方的样子就是自己的镜子。看到对方脸脏了，可以知道自己的脸也脏了。如果眼中的对方，是干净又美丽的，那么我们也会认为自己的样子很美丽。

如果每次看到对方脏的脸会想："你的脸脏了，看来我也脏了，得洗干净。"那就可以成为成熟的夫妻。但如果想："我很干净，只有你脏了。"那就是认为"我很好，都是你的问题，你错了"。这种想法就是把错误推到对方身上。

就像拉比所说的，在烟囱内不可能有人脏了，但另一人却是干净的。一起处在脏的地方，那两个人一定都会脏。不只是夫妻，无论是哪种关系或问题，发生矛盾时，不可能是谁对谁错，也不可能是谁厉害谁不厉害。只有两人一起分析问题或矛盾，才能厘清头绪。

无论是谁都会有投射现象。投射并非有意识的，也就是我们很难从投射现象中抽身，我们只会投射存在于潜意识的想法。从另一个角度来看，潜意识的想法没有发生投射的话，那就没有跟意识相遇的机会。因此，意识到投射现象后，我们能有机会看到自己真实的样子。成熟的人通过对方会看到自己，特别是夫妻关系中最常发生投射，因为夫妻每天都处在相同的烟囱里看着彼此。

　　我们夫妻没有把结婚的第一颗纽扣扣对，所以在过去六年中，我和先生一起把扣错的纽扣全部解开。因为我们需要恢复对方曾看到过的那个充满魅力的真实自己。所谓的夫妻是通过学习对方的优点，改善自己的不足之处，进而成长并找到人生的平衡点。

　　对于我来说，我缺少的从容、宽容、温和等特质可以通过先生来学习，他也需要通过我，学习主导人生、勇气、挑战来提高自我。

　　我们每天在同一个烟囱内看到对方。每次看到对方的脸时，我们看到了什么呢？有时候是肮脏的脸，有时候是美丽的脸。你看到的脸正是你自己的脸，我们要谦逊地认同通过对方所看到的样子，这一点非常重要。因为那就是接受自己的方法。当你认同对方的样子之后，指责对方的手指才会放下，进而在自己身上找出问题的真正原因并解决。只有这样，才是对自己负责的人生，也才能迈向自由平和的人生。

在梦中常出现的人

电影《内在美》的女主角，每天都会遇见一位变成不同模样的陌生男子。男人无法跟女主角说明，为什么自己每天都会变成不同的模样，就连他自己也不知道原因。男人每天醒来之后，可能会变成老奶奶、小孩、外国人或没有头发的中年男子等。因为每天的样子都不一样，所以无法跟所爱的女主角持续见面，因为这会让女主角陷入混乱。

朱志洪导演的电影《因为爱》讲述一位男子（车太贤饰），因为发生交通事故，灵魂进入其他人身体。男主角一开始进入了怀孕的高中女生的身体，后来又陆续进入了其他人的身体——正在遭受夫妻危机的中年男子、已经是大叔的单身男子、罹患失智症的老奶奶……男主角根本不知道自己是怎么进入他人身体，当然也不知道该如何离开，所以不得不在这些人身体内一起生活。

这种事情并非只是电影中的假想情节而已，在我们的内在世界里也会发生。每天早上醒来之后，直到睡觉之前，我们遇见许多人，碰到各种状况，难道都是用始终如一的"我"去面对的吗？

去教会或寺庙的我，跟去公园的我会一样吗？见到老板的我，跟遇见发传单的人的我，还有参加小学同学会的我，完全不同。在堵车严重的上下班高峰期开车的我，和去旅行时打开车窗在高速公路狂飙车的我，绝对不会一样。

在我们体内的我实在太多了。只是这样多的我不得不通过同一个身体来行动和表现。虽然是我，但是一天之内会有各式各样的我出现。甚至我们根本没有意识到有哪个我出现又消失了。某一瞬间可能变成暴力怪物的我，根本看不到潇洒的我。

在现实中看不到自己的其他样子，可以通过梦看到。明明是男人，却梦到自己即将临盆，或变成任性的孩子、失智老人等。当然有时候，也会在梦中发现自己是牛、马或猫。在梦中看到自己变成狗，坐在沙发上对着人们狂吠。或是像卡夫卡的小说《变形记》中的男主角那样，一觉醒来变成一只巨大的甲虫。也可能梦见自己变成如房子般大的黑蚊子。

你的梦中有经常出现的人吗？如果有，那个人可能就是我们在现实中潜意识显现的样子。例如，在我的梦中常常出现 A。A 是住在同一个小区，跟我一直来往密切的邻居朋友。我经常跟 A 去旅行，A 有自己没察觉的另一面，那就是她充满担心和不安。跟妈妈同住的 A 在旅行途中，常常打电话回家，因为她总担心家里的宠物（仓鼠和狗）过得好不好；也会担心已经是中学生的儿子是否完成作业，有没有去补习班等。A 认为少了自己提醒，家人可能会忘记喂宠物，甚至忘记要去补习班、写作业。身体出来旅行了，整个心还在家里。不管多棒的旅行，对于 A 来说，一出来旅行就会变得不安，恨不得马上回家。可是在家的时候，因为太郁闷，所以又忍不住规划旅行。即使花了钱和时间来到很棒的地方，本人根本不存在于"现在这个地方"。

每次看到 A 因为担心和不安而无法好好享受旅行时，我都会感到极为惋惜。像这样充满担心和不安的 A，常常出现在我的梦中，因为 A 的样子就是我的另一面。

讨厌的人或不喜欢的人常常出现在梦中也是相同道理。有个人特别讨厌同学中的某位，因此每次有同学会的时候，都会事先确认那个人会不会来，再来决定自己要不要参加。

他讨厌那位同学，总是自认为高人一等、爱抱怨和唠叨。可是这位讨人厌的同学却常常出现在自己梦中。现实中已经讨厌到特意回避了，居然还出现在梦里，实在让人火大。

　　其实他所讨厌的同学会常常出现在梦中的原因是，那特质正是自身不曾察觉的另一个样貌。唯有通过那位朋友才可以让自己看到，自认为高人一等，还有爱抱怨的样子，其实也是自己的样子。

　　有一次当他在聚会中跟其他人抱怨那位同学时，听到了冲击性的回答："说真的，你也跟他差不多！"

　　他想都没想过自己也给人那种感觉。因此，当他听到这句话时，备受打击。我们在跟其他人见面的时候，也会不自觉带给别人麻烦，但自己却不知道。这时候，在梦中最可能让自己看清楚的，就是自己讨厌的人了。

　　有一位老板开了家小公司。老板在公司非常专制独裁，可是他却认为自己很民主，对员工照顾有加。他早上会跟员工们开会，不管再忙，也会抽空听取员工的意见。他本人也对自己这么做感到自豪，但员工们却难以忍受。因为老板虽然会询问意见，但提出意见后老板却会以自己的标准去评论，并且长篇大论地指出意见中哪里有问题。最后，每次都还是根据老板的意思做决定。

　　慢慢地，员工们不再愿意发表自己的看法。此时，老板反而教训员工没有主见，再自然地夸赞自己是多么民主的人，多么地努力工作和生活，甚至强迫员工也要像自己这样生活。员工做不到的话，就会对他很反感。就这样，员工们因为受不了，一个一个都相继离职了。

　　这种情况在家庭内也是如此。就像在公司管理员工那样，他在家里也对家人十分独裁，会强迫家人遵照他的意思。例如，星期日早上也要六点起床。如果孩子想睡晚一点，他就会大声呵斥他们懒惰，怒斥他们该如何在这个世界上生存。于是，当爸爸在家的时候，孩子们都会把自己关在房内不出来。最后，连妻子也受不了丈夫的固执，以及完全不听他人意见的独裁，离家出走了。直到那时，他才开始慢慢看到自己的问题。

　　我们每天出门前，可以通过镜子看到自己的样子。看看脸或衣服上有没有沾到什么，看看前后有没有异样再出门。同样的，我们内在的样子也要通过内在的镜子来观察。

　　我刚开始记录梦的时候，经常做一个梦。在梦中我的脸因为太久没有洗，满脸都是泥垢。现实生活中，虽然我每天都会洗脸，但从来没有在意内心的脸，才会让脸脏成这样而不自知。

　　梦中出现的人是为了告诉我们"我是谁"才会出现的。通过他们，我们可以看到自己看不见的样貌，以及全然不知的问题。

通过改变主语来面对自己

　　小时候看过一部很有趣的电视剧叫《无敌浩克》。主角浩克平时是个平凡但风度翩翩的人，可是只要一生气，就会变成自己也无法控制的怪物。

　　当暴力的怪物闯完祸后，浩克会再次变成平常的自己。如果我们看不到存在于自我内在的浩克，就会让浩克不停地出现，进而伤害我们身边的人。

　　再次回到电影《因为爱》。男主角通过镜子或玻璃发现自己附身在其他人的身体里。当他看到这个不可思议且令人难以相信的事时，知道那不是自己，可是又不知道怎么离开。直到在一次偶然的机会下，他帮忙解决了他所附身的那个人的问题，才发现只要有爱（接受自己原本的样子），他就可以从那个人的身体里摆脱出来。

　　在梦中出现自己不喜欢的人的时候，想知道为什么那个

人会出现，以及找出意义的方法也类似。做梦的基本原则就
是投射。神话学者同时也是梦的分析家高慧晶，根据杰里
米·泰勒的理论，在韩国开创了"梦投射团体"。运作的方式
是将好几个人组成一个小组，大家围坐在一起探索与分析梦。
这个方法对于刚开始分析梦的人来说会比较难，需要花更多
时间才能够了解自己的梦。在本书中，我介绍一种具体且实
用的镜子方法来帮助大家。

　　镜子方法的作用是，帮助我们将通过梦得到的智慧，简
单地传达出来。我的人生中，最大的痛苦是不知道自己是
谁。想了解自己，首先要知道自己的"影子"和"内在的
力量"。这个方法可以让我们简单地了解"我是谁"这个最
基本的问题。镜子方法是可以看到自我内在的方法之一，也
是最实用的。就像照镜子那样，梦中出现的人也是为了映照
出自己。即使是不了解梦的人，也可以像照镜子那样看到自
己真实的样貌。镜子方法不只适用于梦境中出现的人，在生
活中遇到讨厌的人的时候，也可以使用，这也是接受自己的
方法。

第一，接受在梦中出现的对方的样子就是"自己"。

把讨厌对方的三个样子写下来。以前面的梦境为例：

· 朋友在聚餐时总自认为高人一等。

· 朋友很爱唠叨。

· 朋友很爱抱怨。

这些样子就是照出我们的镜子。因此，把主语从"朋友"改成"我"来看看。

→ 我在聚餐时总自认为高人一等。

→ 我很爱唠叨。

→ 我很爱抱怨。

把主语换成自己时，首先你会产生抗拒感。因为不管怎样看，你都觉得自己不是这种人。（这个时候，可以问问一起聚会的其他朋友，就会知道自己是否真是如此。）当我们越认定对方是"自认为高人一等"的人时，就越难接受自己也是这样，甚至会产生强烈的反感："怎么可能！我绝对不是那样的人。"

要接受那个讨厌的样子其实就是自己，是极为不容易的。因为基本上我们都认为自己是不错的人。如果表现出那些不好的一面，会不受大家欢迎，所以，把那些通通放在潜意识深处的仓库内锁起来了。因此，我们会以为自己没有那些不好的样子，但却会投射到他人身上。潜意识中发生的事情只是我们没有意识到而已。接受自己并通过镜子了解那些讨厌丑陋的样子，其实就是自己，然后心甘情愿地去包容。

再次回到我的朋友 A。让我感到惋惜的 A 的问题，其实也是我的问题。因为 A 的样子是镜子照出的我。因此，把主语换成"我"。

· A 很容易担心和不安。

· A 被家束缚住了，无论去哪都无法放开心去玩。

· A 认为小孩一定得要自己才有办法照顾好。

　　　　　↓

· 我很容易担心和不安。

· 我被家束缚住了，无论去哪都无法放开心去玩。

· 我认为小孩一定得要自己才有办法照顾好。

这就是我的样子，我真实的样子。把梦中的对象换成自己之后，只要仔细观察，不久之后就会看到真实的自己。

第二，知道对方的问题也就是我的问题，这样才能解决问题。

我对 A 的担心和不安感到惋惜，其实也是在对看不到的自己感到惋惜。为了解决这个问题，必须先找出自己何时、在哪里有过那些样子。

"我什么时候会最容易感到担心和不安呢？"

"我被家束缚住无法享受生活，是什么让我的心不踏实呢？"

"为什么我会认为小孩不是我照顾的话就不行呢？"

把关于对方的问题拿来问自己，静静地回想就会找出自己何时有过那些样子。为了放下担心和不安，我要找出我正在担心和不安的是什么。

首先，我发现自己对孩子们抱持着"身为妈妈的我应该帮助孩子"的想法，甚至连很小的事，也会替他们担心。被家务束缚住的我，无法安心和集中心力做自己的事情。这不是物理上的距离，而是我的内心离不开家里的事。还有，我在潜意识中认为那些事情不是我的话，就无法好好完成。A就是照出真实的我的镜子。

韩国人气电视剧《请回答1988》中，罗美兰要去釜山的娘家住几天。但是她担心"如果我不在家的话，这个家一定会乱七八糟"。可是就算她不在家，丈夫和两个儿子也过得很好。那么让罗美兰不安的原因是什么？因为她自认为自己是家里重要的存在，是有价值的存在，害怕失去这些才会感到不安。其实是想要由此来证明自己是有价值的。我的担心和不安也是如此，害怕自己不能成为对家人来说重要的存在而不安。

事实上，我不在的时候，孩子们做得更好。不，是我必须不在，他们才有机会做得更好。因为自己的不安而建造了小小的篱笆围住孩子们，以至于让他们无法好好发挥自己的能力。

对方可以照出我的样子，因此对方的问题，其实就是我的问题。当我接受这一点且解决这些问题后，我才再次找回自己。就像电影《因为爱》的男主角，总算从他人身体逃脱出来，再次回到自己的身体那样，我的梦中再也不会出现那个人。也就是说，通过投射一步步走向成熟。每次有讨厌的人出现在梦中的时候，接受那个人的样子就是自己，并且努力解决那些问题，这样才不会浪费时间。当对方的样子要在你的梦中消失时，有时候会梦到死亡。梦见死亡即表示，那个自己内心不喜欢的样子被消灭了。

我很厉害也很优秀

　　发现自己内在的力量真的非常重要。我们只要活着，就会遇到如波浪般涌来的大小问题。每次遇到这些难以解决的问题时，能否克服或许就要看我们知不知道自己内在的力量。

　　我们以为英雄只会在电影中出现，或是那些天生就具备超凡能力的只是少数人。其实，英雄就在我们的内心。我们就像神力女超人、超人那样具有神奇的力量，只是被长期放在内心深处的仓库内，并被我们用钥匙锁起来了。于是，我们边说"我没有、我不行、不可能"边逃避问题而活着。因为我们连自己是谁也不知道。

　　我们不只是把不好的一面放在仓库内，就连自己优秀的特质也一起放进去了。心理学者艾瑞克·伯恩（Eric Berne）曾说过："我们每个人出生的时候都是公主或王子，只是我们的父母把我们当成青蛙来养。"这里所说的公主或王子并不是指有公主病或王子病的人，而是指每个人出生时，就具有优秀且健全高贵的特质。

我们出生时，自然不知道自己是谁。可以告诉我们是谁的人就是父母。父母在教导小孩时，并不是通过语言，而是态度。通常父母都会觉得自己的小孩很可爱，认为和孩子在一起是世界上最幸福快乐的事情。当父母用这种心情看小孩时，小孩也会认为"啊，我是非常珍贵、可爱的"。可是，若父母看待孩子时，表情忧郁且黑暗，孩子就会认为是不是自己有什么问题，心想："我一定不够好，是没有价值的人。"于是，孩子会慢慢认定自己就像是卑微的青蛙一般，把自己优秀且高尚的特质，全部藏在内心深处的仓库，因为他们会认为那不是自己。

在梦中不只是会出现自己讨厌或不喜欢的人，也会出现平时很喜欢、很羡慕，觉得优秀厉害的人。就像讨厌或不喜欢的人是一部分的自己那样，优秀厉害的人也是自己看不到的自己的另一个样子。

因为没有直接就能看清自己内在的镜子，所以让我们羡慕的人，也是一面让我们看到自己的镜子。如同难以接受那个讨人厌的样子就是自己一样，要欣然接受令人羡慕的样子也是自己，并不容易。因为不管再怎么看，都觉得自己没有那些特质，只有羡慕罢了。

羡慕也是一种痛苦。羡慕他人时，你会觉得自己不可能变成那样的人，也会暗示自己并没有那些特质，觉得不管自己再怎么努力，也不可能变得那样优秀，自然会痛苦。但其实这是错误的认知。

《伊索寓言》中有这样一则故事：一只狗叼着一块肉走在桥上，看到河水中有另外一只狗。河中的狗也叼着一块肉，那块肉看起来比自己的肉还大。于是狗对着河水中的狗狂吠，想要吃那块肉。结果肉就这样掉到水里了，它不知道河中的狗其实就是它自己的倒影。

我们所羡慕的他人的样子，其实就是倒映在河水中的自己的模样。一味羡慕他人，就会失去自己口中的肉。我们必须意识到那些特质，其实我们自身也有，进而去发掘自己拥有什么，接着好好磨炼，让那些特质变成自己的。

那要怎样做才能拥有那些令自己羡慕的特质呢？通过镜子就可以看到。

首先回想一下梦里出现的人中，有哪些人是你觉得厉害和优秀的。接下来，把他们厉害的特质，或你喜欢的事情写下来。这就是照镜子的方法。

我以自己为例来说明。我身边有一位让我很尊重的人，那就是我妹妹。我跟妹妹因为住在同一个小区，所以常常见

PART 2　找寻自己　　151

面。妹妹常常出现在我梦中。每次看到妹妹，我都会觉得她很优秀。最让我羡慕的是，不管遇到多难的问题，她总是毫无偏见或成见，也不会夸大事实或偏颇，心平气和中立地去解决问题。明明父母相同，但我和妹妹实在太不一样了。

我以前会认为，妹妹生下来就比较健康，妹妹的心胸原本就比较宽大等等，所以当然能那样。我性格不是那样，所以做不到。如今回头看，其实这些都是我的借口。我所羡慕的妹妹的那些特质，我早就拥有了。只不过，我从来没看到过，也不知道自己拥有。因此，我才会只是羡慕妹妹，从来没想过要努力让自己也拥有那些特质。其实光想就觉得厌烦了，更明确的原因是懒。因为只要认为我跟妹妹不一样，在遇到难题时，我就可以不用去面对。但现在我发现了那个看不到的自己，想要接受的那些令人羡慕的特质，自己也是拥有的。

第一阶段：在现实生活或梦里出现的人中，写下三个让你羡慕的特质或喜欢的个性。

我看到妹妹的时候，以下三点让我最为羡慕：

• 不管遇到什么难题都不会沮丧，会集中精力把问题解决。

- 具有能够看到问题的整体和分析局部的观点。
- 不害怕失败，认为通过实际行动就能学到人生的智慧。

第二阶段：看镜子。把对方的样子换成"我"（只要把主语换成"我"就可以）。

- 我不管遇到什么难题都不会沮丧，会集中精力把问题解决。
- 我具有能够看到问题的整体和分析局部的观点。
- 我不害怕失败，认为通过实际行动就能学到人生的智慧。

这些样子就是通过妹妹看到的自己潜在的模样。

第三阶段：理解自己。没办法那样做（或不做）的理由是什么？

从小母亲就常常跟我说，我的身体不好又很胆小。听这些话长大的我，也慢慢相信，自己是一个身体不好且胆小的人。因此，只要遇到一点点困难，我就会认为自己做不到，逃避问题。小时候，我经常做逃跑的梦，当时我并不了解自己的问题。

第四阶段：我什么时候曾表现过我所羡慕的那些特质或行动？

在梦中或现实中如果出现了让你羡慕的人，那个人就是你看不到的另一个自己。因为无法察觉，所以只能从潜意识中寻找。

只是逃避的话，问题并不会消失不见，只会越来越严重，最后谁也无法承受。想要改变我对自己"原本就体弱胆小"的固有想法，需要极大的勇气。只是内心想着要改变，但身体却缩成一团根本不动。那些逃避之后，累积成堆的问题，必须抱着必死的觉悟一个个来解决。像媳妇辞职信、要求离婚，都是我觉得自己不可能做得到，但鼓起勇气去做的事。同时，通过这些行动我也学到了人生智慧。虽然还有很多问题等待我去解决，但在这个过程中，那些令人羡慕的特质，慢慢地在我身上被开发出来，也慢慢地成为我的信念。

第五阶段：我要怎样做？

我们将此分为允许和行动两个部分。首先是"允许"，从他人身上看到的优秀特质要"允许"自己也可以拥有。之所以会觉得自己绝对没有、绝对做不到是因为，这些是被潜意识禁止表现出来的特质。

允许的方法是说出"我具有这个资格。从现在起，我要接受这个事实"。这是让自己接受的宣言。[1]

"我具有不管遇到什么难题都能把问题解决的资格（能力）。从现在起，我要接受这个事实。"

"我具有能够看到问题的整体和分析局部的观点的资格。从现在起，我要接受这个事实。"

"我具有不害怕失败，且通过实际行动能学到人生智慧的资格。从现在起，我要接受这个事实。"

有时候会忘记自己已经允许了，又不知不觉去羡慕别人。这时候，要再次对自己大声说出这些话，再次提醒自己已经"允许"了。告诉自己这才是真实的自己，告诉自己绝对不要忘记。这也是找到自己的必经之路。

接下来就是行动。允许自己也具有那些优秀特质后，就

1　"我具有这个资格。从现在起，我要接受这个事实。"这个治疗方法出自路易丝·海（Louise L. Hay）《生命的重建》（*You Can Heal Your Life*）。

要付出行动。行动是最重要的，"知识"的养成需要实际的"行动"。当出现问题的时候，相信自己且鼓起勇气去做，就是行动。只有通过行动和实践，才可以强化内在的力量。

我要从一个逃避问题的人变成挑战问题的人。因为通过解决一个个的问题，可以确认自己是有力量的人，可以从软弱依赖他人的习惯中摆脱，成为一个自由独立的成人。

罗伯特·A.约翰逊的作品《承认你自己的阴影》(*Owning Your Own Shadow*)中提到："要拿出藏在自己内心壁橱内的丑陋骷髅还算容易。要人们找出自己内心的黄金，并变成自己的东西，反而会让人感到震惊。"也就是说比起发现自己不好或不足之处，发觉自己具备的高尚特质，更容易让人陷入混乱。

忽视自己内心的黄金跟忽视自己内心的怪物是一样危险的。因为觉得自己不够优秀，也没有那个能力，或是现在去做太晚了，便会将希望放在其他人身上，好代替自己成为英雄。这样的想法可能会加诸在亲近的人，朋友、同事、伴侣，特别是自己的孩子身上。于是，这样的父母就会对孩子们说："我会全力给你所有资源，你来帮我完成我做不到的梦想。"从另外一面来看，其实是自己懒惰不想努力。罗伯特·A.约翰逊表示，当我们发现自己如同金矿的潜在能力时，会因为感到麻烦而不去开发。就像我们即使发现自己具备跟世宗大王或申师任堂相同的崇高特质，也不想积极实践。因为比起努力实践，在远处尊重和景仰他们是更加轻松的事。

我们内心深处最大的恐惧不是自我不足，而是发现我们拥有巨大力量。我们害怕的不是我们的黑暗而是我们的光明。请好好地问问自己："我可以成为优秀杰出且才华洋溢的厉害人物吗？"以及"做不到的理由到底是什么呢？"[2]

2　出自玛丽安娜·威廉森（Marianne Williamson）《发现真爱》（*A Return to Love*）。

从内心开始解脱

　　电影《小岛惊魂》比《第六感》更让我受到冲击。格蕾丝（妮可·基德曼饰）是位住在古老庄园的女主人，丈夫因为上战场死了，她独自一人照顾患有惧光症的两个小孩。庄园里常常发生奇怪的事，用人们一一消失。格蕾丝害怕会有幽灵出现，所以门都上两道锁，所有的窗户都要挂上黑色的窗帘。格蕾丝活在不安和恐惧中，她感觉家里有幽灵，可是又想否认这个想法。当真相慢慢浮现之后，格蕾丝发现原来自己跟孩子才是幽灵。

　　让格蕾丝感到恐惧的原因是，不知道自己家里是否有幽灵。但没想到幽灵居然是自己和孩子。知道事情的真相之后，格蕾丝依然不愿意接受。她边哭边说："这是我的家，我的家……"身为幽灵的格蕾丝始终不愿意把这个房子让给活着的人类。

　　看这部电影时，我跟随着漂亮的妮可·基德曼一起感受庄园的诡谲气氛；直到最后真相揭晓，我跟妮可·基德曼一样备受冲击。当我们面对人生的真相时，所受到的冲击感或许就是如此吧？

　　婚前，我上班的公司中，有一位我很讨厌的同事。早上醒来，只要一想到她，我就不想去上班。如果公司没有那位同事，我的职场生涯应该会很顺遂，我也会更加怀抱着感恩的心去上班。可是现实生活并非如此，所以我过得非常痛苦。

　　那位同事是通过关系进到公司的，正好被分配到我们部门。一般员工都是通过正常的求职渠道入社，对工作也都相当负责。可能她因为太容易就找到工作，所以根本不认真工作，也没有责任感。比起工作，她更加注重自己的外表。每天上班后，会花两到三个小时化妆，下班前又再花两到三个小时化妆，剩余的时间用来假装工作。下班时间一到，她总是第一个离开。

　　但是这个让我讨厌的同事的样子，其实就是我自己。当我了解投射心理之后，我发现她照映出的是我的样子。这个冲击对我来说太大了，我认为自己跟她是完全不一样的。

　　大卫·芬奇（David Fincher）的电影《搏击俱乐部》中，人生陷入混乱和焦虑的男主角（爱德华·诺顿饰）在飞机上遇到跟自己完全不同的男人（布拉德·皮特饰）。这个男人正直帅气，具有不惧怕一切的勇气，行为毫无顾忌且好斗。男主角就像朋友、影子般如影随形地跟着那个男人。之后，他才知道那个男人其实就是自己。所有人都知道的事实，只有他不知道。因为他觉得那个男人跟窝囊胆小的自己完全不一样。

我上班的时候，那位女同事就是照出我的镜子。如果我没有那样，是绝对不会这样想的。我看到的那位女同事的样子，和其他人并不相同。每个人照出的都是自己内心的样子。当我知道其他同事对那位女同事的观点跟我不同时，我更加痛苦。我讨厌她讨厌到不行，可是其他同事却好像若无其事一样。真的是太奇怪了。甚至还有人觉得她是个风趣的人，说她看起来很可爱。我实在太希望大家看清楚她的真面目，跟我一起分享这份痛苦，有时候会不动声色地说说那位女同事的坏话，可是其他人却觉得没什么大不了，只有我一个人过得很痛苦。

当我们极度讨厌一个人的时候，表示我们的内心有一个被隐藏起来的真相。我们的心越痛苦，就会跟电影一样受的冲击越大。因此，不管我们因为哪个人而痛苦，都需要去看

出其中的真相。因为只有这样，才能让我们找到摆脱痛苦的
钥匙。

第一阶段：写下不喜欢那个女同事的三个样子。

• 比起公司的工作她更注重打扮外表。
• 她什么事情也没好好做，但还是每个月照常领薪水。
• 她没有责任感，只是来公司消磨时间。

第二阶段：我每次看到她的时候，内心产生的批评声音
是什么？每次有这些声音时，我的感觉（态度）是什么？

• "为什么那样活着！"
• "那样每天浑水摸鱼，还每个月照领薪水！"
• "从没看她认真工作过。"
• 感觉整个人怒气都来，也非常郁闷。很想对她大声责
备："你不可以那样！"
因为我释放出讨厌的能量，自然离她越来越远。她即使
过来跟我说话，我也会刻意保持距离。

第三阶段：看镜子——面对真实。

把"她"的样子换成"我"的样子。

• 比起公司的工作我更注重打扮外表。

• 我什么事情也没好好做，但还是每个月领薪水。

• 我没有责任感，只是来公司消磨时间。

第四阶段：我什么时候会有那些样子，会做出那些行为？

当我把她的样子换成自己来看的时候，首先想到的是"我才没有那样。我很认真工作，也没有很在意外貌"。但是只要再深入去想，就会发现别人绝对不知道的事实。

其实，我觉得公司的工作很无趣。我从心底里很讨厌上班，只是为了每个月的薪水才出来工作，根本不会把工作摆在第一位。我为了找到其他更适合的工作而打扮自己，就好像是为了去其他公司上班而培养能力一样。所以，其实假装在工作的人是我，但我却跟认真工作的同事们一样领薪水。我成日想着要离职和如何打发时间，心根本不在公司。以结果来说，我在结婚前虽然到公司上班，但并没有用心培养跟同事们的关系。

第五阶段：观察，看见原本的事实。

对于自己所见、所听的不添油加醋，而是只看事实。前面我提到"她比起公司的工作更注重打扮外表"这句话，其实只是我的想法，并非事实。我们总是习惯性地把自己的想法说得跟真的一样，以至于分不清楚想法和事实。而且，若还带有情绪的话，叙述就会更夸张。例如"她整天都在化妆""她每天都在睡觉""她总是任意妄为"等。当我们使用"整天、总是、无论何时"这些词的时候，只会让不必要的情绪更加高涨，让自己更生气。其实，使用这些语词来描述事实是不恰当的。因此，前面提过的三件事情都不是事实，而是我个人的想法。我根本不知道她是不是真的比起工作更加注重打扮，这些都是我对她的个人判断而已。因此，不是写下我的想法，而是写下她真实的样子。把我的批判想法换成她原本的样子是非常重要的。

• 比起公司的工作，她更注重打扮外表。

　她每天早上花两个小时化妆，下午花一个小时化妆。

• 她什么事情也没好好做，但还是每个月领薪水。

她跟我们一样领薪水。

- 她没有责任感，只是来公司消磨时间。

原本是昨天应该做完的工作，她直到今天早上才完成。

这就是她原本的样子。我带着批判心态去看和以实际状况去看时，果然截然不同。那些批判的想法和感觉在成为对方的问题之前，更是为了告诉自己潜藏在内心看不到的问题。《非暴力沟通》提过"对方虽然会刺激到我的感受，但那并非原因所在"，真正的原因在于自己。感受是为了告诉我们现在自己内心正在发生什么事情的信号。如果因为对方哪句话或哪个行为而感到痛苦的话，表示自己内心深处某个问题被碰触到了，必须好好地找出问题在哪里。

第六阶段：我要怎样做呢？

在职场中，我因为讨厌她而过得痛苦，所以大部分的时间都浪费在怒气中。那些原因，我并没有从自己身上寻找，反而全部怪在她身上。我把所有的时间全用来讨厌她。

我在前面提到过的《塔木德》中，从烟囱中出来两个少年，脸如果脏了，两个人都需要洗。这句话给了我很大的启发。无论和谁，两个人的关系就如同凸跟凹，只有大小相合，才有办法衔接。对我来说，她所表现出来的不好的行为，正跟我内心没表现出来的问题是切合的。

她的行为虽刺激到我的感受，但原因在我身上。

虽然已经离开公司很久了，我现在依然忙着做不重要的事情，而错过重要的事情。为了不再浪费时间，我现在能做的就是找出我可以做的事。

当我们看不到"内在镜子"的时候，我们会错失两件事情：

第一，看不见自己。

从前有一对贫穷的夫妇，丈夫去市场的时候，想到妻子跟着自己过了好几年的苦日子，觉得很心疼，就买了一面很贵的镜子想作为礼物送给妻子。没想到妻子看到镜子后，居然大发雷霆，气得破口大骂："你从哪里带回这个黄脸婆的？"

如果我们没有意识到那是照出自己的镜子，就会跟这个故事一样，充满怒气地看着自己不好的一面。也就是说，我们只看到自己外表的样子，却看不到内在真实的模样。

还有，当我们内心产生某种感受时，也很难找出为何会这样的真正原因。例如，当我们生气的时候，会觉得问题是对方造成的，于是把生气的责任推到对方身上。这时候，就会错过自己的问题。

我在公司上班的时候，只看到她不诚恳、不负责任的样子，却没有看到自己也有不诚恳、不负责任的模样。我认定那就是她的真实样子。那时候，一直看着她的我其实很难发现自己的问题，无法看到自己，也就错过了解决问题的机会。

这样的错误，在我离开公司后依然发生。结婚之后，对象从她换成丈夫、家人或其他亲近的人，我把自己的问题覆盖起来：永远看不到真正的问题。而且总是抱怨着他们，让我更加看不到自己。

第二，看不到对方。

通过自己看对方的时候，很难看到对方的真实模样。当我们心里越是确信对方是什么样子的时候，就越难看到他的真实样貌。不，应该说其实我们也不打算看。例如，我觉得A就是一个过于自私的人时，就只会看到A自私的一面。即使偶尔看到A做了利他的行为，因为跟我对A的认知不同，就会假装看不到或是另作其他解释。例如："为了让老板认同，好会拍马屁""应该只是顺手帮忙而已""她根本不是那种人"等。

　　直到我离职，我还是没看到她的真实样貌。因为我只看我想看的样子，根本不打算看她其他的样子。其他同事说她很有趣也很活泼，这些我通通看不到。同时，因为忙着把时间用来讨厌她，也错过跟她愉快交流的机会。

　　神奇的是，当我们不再把责任推到对方身上，而是集中注意力解决自身的问题后，再次看到那个自己曾经讨厌的人时，会觉得对方完全不同了。因为我们丢掉了看对方的有色眼镜，当其他人在抱怨那个人不诚恳或不负责任时，我们会抱着不同的看法。因为通过对方这面镜子看的不是那个人，而是自己。那个人的问题其实也是自己的问题。当问题解决后，我们才能真的看到对方原本的样子。

PART 3

不当媳妇之后

展开一人份的人生

女人要过一人份的人生

有一个女人，

她背着对自己来说很重要的母亲活着。

她在婚后，

背起先生和公婆。

她有了孩子，又要背一对儿女。

身体再也无法承受，开始变得疲惫不堪。

她却认为理所当然。

没人教导她不需要背任何人，

就可以彼此一起生活的方法。

被背的人以为家是世界上最舒适的地方，

背人的女人认为家是世界上最辛苦的地方。

女人再也承受不住重量，叫他们下来，

越是如此，他们越不想从她的背上下来。

就这样长久以来，

她不由得反复把他们背上又放下，放下又背上。

女人鼓起了勇气，

她放下了先生，

她也放下了公婆和孩子们。

然后，她不再背任何人。

放下之后，她才发觉原来不是他们要求她背，

而是她自己选择这么做。

女人总算领悟，背与被背的人生，

对谁来说，都无法感到幸福。

她开始照顾自己，

开始学习幸福。

女人要过一人份的人生。

不当媳妇后的奇迹，
还有完全不同的节日

　　在中秋节前两天，公婆突然被我告知不再当他们的媳妇时，该有多震惊啊！他们在不知所措的情况下接受了这个事实，但对于一夜之间就不相往来，甚至连一通电话也不再打的媳妇，应该感到非常难过吧！我的心里也很不好受，但这也是没办法的事情。那天，我走出公婆家门时，心里想着，下次能毫无心结地再来到这里吗？我以为至少要过很久以后才有可能。

　　交出媳妇辞职信后，就这样过了一两年。在几年前，先生跟小叔、小姑们为了帮公婆过八十大寿，每个月都共同存钱。后来因为公婆不想过寿，他们就把那笔钱挪来聚餐，可还是剩下不少。公婆年纪大了，无法去旅行，又不请客过寿，于是大家开始思考要如何运用这些钱。最后，大家决定把公婆家的旧电视换成大荧幕，剩余的钱就用在每个月一次的家族聚餐中。

　　第一次的聚餐就要到了。我自从交出媳妇辞职信之后，不要说祭祀或年节没去公婆家，就连平时也没有问候过他们。我苦恼着要不要去参加这次的聚餐。因为实在不知道该如何跟公婆，还有先生的兄妹们相处。因为我再也没有媳妇的义务了，所以不管是打电话，还是形式上的问候一次也没做过。只是这是第一次定期家族聚餐，我实在不知道该不该去，对于要再次见到从那之后再也没见过面的公婆和先生的亲人们，感到极大的负担。当然，我也可以不用去，去或不去的选择权都在我身上。

　　我最后决定参加。因为我跟先生并没有离婚，再加上这次的聚会不是在公婆家，而是在外面的餐厅，应该会有所不同吧！况且这次参加之后，如果觉得不方便的话，下次不去就可以了。我抱持着这种想法去参加聚餐了，心里非常紧张。

　　没想到，许久未见的公婆在餐厅见到我时，非常开心。而且对我没有感到丝毫的难受或不自在，就跟平常一样。此时，我才开始慢慢放松。交出媳妇辞职信后，我居然可以在第一次家族聚餐时，就这样轻松自在地跟大家一起吃饭聊天，真的非常不可思议。

在外面餐厅聚餐的时候，无论是谁都不需要准备食物，也不需要去伺候谁。大家只要一起用餐就可以，自然地就变成了轻松愉快的场面。如今，我不再是"应该要做什么"的媳妇，而是作为家庭中平等的一分子跟大家见面。每个人都是独立的个体，关系也很自然地从垂直变成了水平。不过是过了一两年而已，关系已经完全不同了。这是结婚之后，第一次我可以在公婆和其他亲戚们参加的聚餐中，感到舒适愉快。

能这样其实要感谢我的公婆，是他们让大家放下了对媳妇的期待，而把我当成一个人来尊重和理解。

就这样，之后每个月的聚餐，我都可以毫无负担地参加。慢慢地，我也会主动在年节的时候去公婆家过节。不过，亲戚们参加的祭祖，我还是不参加。就如公婆当时对我说的，心情轻松愉快的时候来就可以，去不去完全是我自主的选择。对于我来说，假日综合征已经是很久之前的事情了，现在过节对我来说，反而是愉快的日子。没有其他远方亲戚，只有公婆和先生的兄妹们，我感觉我们成为了真正的家人。

当中最大的变化就是祭祀和年节的简化。因为我突然不当长媳了，所以公婆只能依靠妯娌。而妯娌是因为长媳突然消失的关系，不得不去面对这些事情，公婆不希望妯娌的负担太大。于是，原本祖父和祖母需要分别办两次的祭祖简化成一

次。之后，一年一次在家办的祭祀也改成去扫墓。中秋和过年
也是如此，不在家里祭拜，而是去山上扫墓。公公和男人们，
还有其他想去的人，到山上进行简单的扫墓仪式。之前在中秋
和祭祀会聚在一起的远房亲戚们也是在山上碰面后，就各自回
家。（公公跟他的弟妹们改成一个月聚一次。遇到彼此生日时，
就到外面的餐厅用餐。）

　　因为改成直接到山上扫墓，所以家里也不需要准备供
桌和招待客人的食物，只要简单准备家人的餐点就可以了。
现在遇到年节时，我都能睡饱后再去公婆家。没有去扫墓的
女人们，聚在家里喝茶、吃点心、聊天，整个上午都能悠闲
度过。

　　到了午餐时间，去扫墓的人也回来了，大家会坐下来一
起用餐。饭后会让二十岁以上的孩子们帮忙洗碗。某次过节，
吃完午餐后，我们还分成两组玩游戏。从六岁双胞胎到二十
岁的孩子们，大家都围坐在一起玩着游戏。不会因为谁的年
龄比较大或因为是男人，就可以多玩一次。无论是小孩、女
人还是男人都一起玩着公平的游戏。输的人要负责洗碗，赢
的人可以去买饮料喝。正在看电视的人、躺在客厅地板上的
人、边喝茶吃水果边聊天的人，每个人在家里都过得非常自
在舒适。小孩有的在客厅里玩丢手帕的游戏，有的躲在各处

玩捉迷藏，孩子的笑声让家里变得非常热闹。六岁的双胞胎因为玩得太开心，到了不得不回家的时候，居然哭闹着说不要回家。最后为了安抚他们，大家一起手牵手在客厅跳起舞来。双胞胎孩子还因为太好玩，误以为从此家族聚餐时，都要这样手牵手跳舞。在这里，小孩们感觉大家都是家里的主人。长久以来，被各方亲戚们占据的客厅，如今我们总算能好好享受了。

现在在公婆家，每个人都可以发出自己的声音，也可以大声笑出来，对我来说简直就是奇迹。应该是因为我脱下了可怕的媳妇外衣，才变成这样的吧！当然最重要的是，可以理解且包容这一切的公婆。其实公婆本就是很优秀的人，只是我一直把自己束缚在那些角色内，才无法发出声音。并没有人要求我那样做，我是被"女人、媳妇一定要那样做"这些看不到的教条限制住了。

安娜·埃莉诺·罗斯福（Anna Eleanor Roosevelt）说过这样的话：

"除非经过你同意，否则没有人能让你痛苦。"

我结婚之后，会过得那样痛苦并不是谁的错。无论是什么理由，要过那样的生活都是我的选择，也是我该承担的责任。

　　我们不管穿什么衣服，都可以自由地穿上或脱下。因为只有这样，才可以根据不同的需要换穿衣服。一件衣服穿太久，就会脱不下来，再继续穿下去就会变成我们的肌肤。我就是把可怕的媳妇衣服像自己的肌肤一样一直穿着。无论你现在穿着什么角色的衣服，一定要记得那不过是一件衣服而已。作为一个人，需要感受到自由才能更好地活着。

我的主妇休息年，我不做饭

    从公婆家楼下的公寓搬出来，也交出媳妇辞职信后，我最想做的事情就是过"主妇休息年"。一般来说教授或神职人员在工作六到七年之后，就可以获得一年的带薪休假。法律又没有规定，只有教授或神职人员才可以享受这种福利，作为主妇我也想要有休息年。我的主妇生涯超过二十年以上，其间完全没有休息过，应该具有可以休息一年的资格。

    我在这一年中最想做的事情就是不做饭。正好儿子去当兵，上大学的女儿因为忙碌的课程，几乎很少在家吃饭。因此，我即使不做饭，也没有什么负担。

    之前，我因为参加旅行或研讨会，跟先生说会不在家时，他第一个反应都是："那谁做饭呢？"每次我需要外出，最先困扰我的就是做饭这件事情。结婚之后，我最大的压力也来自于，必须准时做饭的"灰姑娘时间"。公婆每天吃饭的时间是早餐八点、午餐十二点和晚餐六点。即使我们后来没有跟公婆同住，还是无法摆脱一到下午五点就要准备做饭这件事。

为了活下去，吃饭当然是很重要的事。但把这件事情只交给一个人做，而且要求非做不可，就是看不到的强迫和暴力。我真的很想停止每天都需要做饭这件事。并不是因为要花很多精神和时间，也不是因为这是很困难的事情，而是这是一定要做的，我才不想做。也就是说，我想放下做饭这件不得不背的行李。

我跟自己说："我不做饭的话，又不会怎样。""不做是可以的，没问题。"于是有一天，我向先生提议：

"我打算一年不做饭。"

"那我们是要挨饿吗？"

"不，不用挨饿，买来吃就可以了。"

"每天？"

"嗯，每天。"我接着说，"我虽然说一年，但可能更长，也可能会缩短。等我想要做的时候，才会去做，我再也不要做不得不做的饭了。"

于是，我跟先生开始去外面的餐厅吃晚餐。他下班回到公寓楼下后，我们就会一起去找餐厅。一开始，我们选择先生爱吃的猪血肠汤饭、马铃薯排骨汤、鳅鱼汤、解酒汤等。这些都不是我喜欢吃的餐点，但是一想到可以不用做饭，除

了补身汤（也就是狗肉汤）之外，我都觉得没关系。而且慢
慢地也觉得这些食物也还不错。在餐厅吃饭时，我常常看到
独自吃饭的男人。

等我们吃腻了小区附近的食物，慢慢开始扩大范围和菜
单。有时候也会用炸鸡和啤酒代替晚餐，或是吃紫菜包饭、
泡面、炸酱面、糖醋肉、汉堡、比萨、猪排、意大利面、辣
炒年糕等各式各样的食物。

我第一次感觉到，自己终于摆脱了做饭这件事情。之前
偶尔不做饭的日子就像是主妇的假日，如今可以每天不用做
饭，真的像在做梦。过去的我总认为，要是主妇不做饭，世
界不知道会变成怎样，或是会受到很大的报应。可是，当我
一年不做饭后，天没有塌下来，也没有受到任何报应。"原来
是可以这样的。"我心想。

我被"主妇一定要那样做"的想法束缚住的时候，只要
一没有这么做，强大的罪恶感就会如同即将遭受天谴或触犯
大忌般袭来。"原来主妇也可以不用做饭。"体会到这件事情，
让我感到自由和愉快。"不管是什么事情，都是我想做的时候
才做。"这句话让我的内心感到无比的平和。

主妇休息年中，第二个我想做的事情是："每天睡到自

然醒。"

结婚之后，第一天在公婆家的起床时间是早上六点，如今这么做已经超过二十多年了。为了早起，我必须早睡。因此，我还曾以为自己是晨型人。

每天早上我都很想再多睡一会儿，可是我必须起床为上班的先生和上学的小孩们准备早餐。老二高中毕业后，我以为自己也可以从早起为孩子们准备早餐这件事情毕业，没想到为了先生还是得继续这么做。某天，我想到自己也想从"一定要早起"中获得自由。于是，我对丈夫说：

"孩子们全都高中毕业了，我也想每天睡到自然醒。所以，你就自己准备早餐再去上班吧！"

"你帮我简单准备一下早餐，再回去睡不就可以了。"

"不要，我醒来后再去睡也睡不着了，我要一直睡到自然醒。"

"又不是叫你做饭，只是简单拿个面包而已，又花不了多少时间……"

其实，我们家的早餐换成面包、咖啡，还有一个苹果已经很久了。就如丈夫所说的，准备这样的早餐花不到十分钟的时间。但即使只有一分钟，我也想用来睡到自然醒。

"早上上班时间即使是一分钟也是非常宝贵的，你就帮我

准备，然后再继续睡个够吧！"先生开始不满。虽然我也非
常认同他所说的，上班前的一分钟是很宝贵的，但那也是他
自己的事情。

"不，即使是醒来一分钟，我也无法再睡回去。"

先生觉得我实在是太过分了。

"我会不会太过分了？这样可以吗？先生为了工作准备出
门时……不，我现在正处于主妇休息年。至少一年我想摆脱
'一定要做什么'。再说即使不是休息年又如何？孩子们都可
以自己起来准备早餐再出门，他是成年人，自己准备早餐也
是应该的。"

就这样，我的内心又开始打架。在生活中，总是忍耐和
牺牲虽然痛苦，但说出自己的内心话，并用实际行动去执行
时更加艰难。因为除了其他人，我也会责备自己。

听到我不做饭，也不准备早餐时，我妈妈这样说：

"你说早上只要睡觉？你竟然这么做……我的女婿真的好
可怜。"

"你说什么？不做饭？你脑子正常吗？"

"那要吃什么？什么！每天买来吃？哎哟，看来你真的
疯了。"

"对，我或许真的疯了，但没有关系。"

每天晚上睡觉前想到第二天不用早起，我内心的批评声依然不断，但我坚强地挺过来了。三个月后，我总算可以安心入睡了。二十三年来的早起习惯，居然在一两个月内就这样简单改变了。因为早上睡到九至十点，晚上上床时间自然也推迟了。我发现，我其实并不是晨型人。

等我睡到自然醒来时，先生已经去上班了。"我居然没有被吵醒？"连我自己也感到神奇。我张开双臂，伸了个懒腰，开始好好呼吸起这自由的空气。

先生开始站在我这边

　　每次当我要说出自己的想法时，都会感到非常恐惧。先生从一开始就拥有公婆家这个强大的靠山，但对于我来说，我什么也没有，我只有我自己。

　　交出媳妇辞职信后，不管是多难的事都由我自己决定。从一开始搬离公婆家，到最近让儿女们出去独立生活，每一件事情都是我独自一个人决定的。因此，这些事情也完完全全地要由我一个人负责。

　　我对于"一个人要负责"这件事情非常惧怕。在梦中常常出现握有强权的男人们如潮水般涌向我，他们会向我丢石头，或手持着木棍跑向我，甚至还有拿着更厉害的武器扑向我的噩梦。我开始发出自己的声音后，在完全摆脱那些束缚住我的所有角色前，我挨了数不清的石头，"所谓的妈妈""因为是媳妇""女人应该""太自私了""太贪心了"……

　　那些针对我的武器根本不想退让，反而越来越强。因为巨大的恐惧，我意识到如果自己没有必死的决心，什么事也做不了。

　　只有抱持必死的决心才能够活下来。我将这句话铭记在心，产生了勇气。不可思议的是，当我抱持着必死的想法时，每次都顺利地活了下来。

　　我会想要跟先生离婚，是因为我认为先生在如此根深蒂固的父权家庭中长大，要他改变想法是不可能的。无论我怎么想，都看不到希望。于是我想，与其用漫长的时间磨合还不见得能看到结果，不如干脆离开，把这段关系结束得干干净净后，我就可以过全新的人生。因此，当先生不选择离婚，而是表示愿意改变自己的时候，我一开始并不相信。甚至我提出不离婚就得做到的三个提案，他表示愿意遵守时，我也是半信半疑。

　　六年前，我们搬到公婆家楼下，用我的名字签下全租合约。这成为我很大的靠山。因为我跟先生签的提案书中有一个条件是，如果这两年中他违反其中任何一项约定，押金就必须退给我。再者，租屋合约上签的是我的名字，所以我不需要经过丈夫的同意就可以处理。当初我存了约2000万韩元时，就觉得一个人生活是没有问题的，如果再收到这笔钱，那就更棒了。

　　原本约定一年的婚姻咨询，先生一共去了两年。虽然先生是不得已才去参加，但除了一开始的夫妻问题外，他职场生涯的困难和郁闷，也慢慢得到解答。从其他角度来看，咨询真的帮了他很大的忙。差不多过了一年左右，站在平行线的我们，开始感觉到彼此敞开了心胸，慢慢有了联结。

　　咨询时做的对话练习，只有我们两个的时候，也会继续做。先生不只在咨询时，就连平常也会开始好好地听我说话。从我难过、痛苦、辛苦的心情，到儿时不开心的回忆，他都会认真地听且与我共情。他听得越多，也就越能理解我的行为、想法、感受。我们边咨询边自然地有了一周一次的夫妻日。在夫妻日，我们会去看电影、爬山、听音乐会……一起吃饭喝茶后，也会继续聊天或一起看书。这些在新婚时做不到的事情，到了头发变白了才开始做。

　　我跟丈夫说，等他退休后，他也可以有"丈夫休息年"。不久之后，丈夫就从工作了二十五年的公司退休了。之后，整整休息了三年。第一年的时候，丈夫还会感到不安，第二年会烦躁，到了第三年丈夫才开始放松地休息。

女儿和儿子的独立以及后来

去年的 7 月 1 日和 7 月 4 日，儿子和女儿分别有了盖上自己名字的租屋合约，那是他们第一次有了专属于自己的住处。儿女们有生以来第一次变成了"乙方"。女儿说看到合约书时，有一种无法说出的奇妙感觉。过去一直跟父母同住，现在自己要独立生活了，突然有一种现实感。

女儿刚开始听到必须离开家独立生活时，是那样地沉重，好像从此自己就得背负起全世界一样，但同时也充满了兴奋和期待。没想到，真的搬出去之后，她很快就接受了独立生活这件事情。儿女们在搬离父母家后，彻底变成了另一个人。他们都适应得很不错，依然过得很好。不，应该说他们更加享受一个人的生活，看起来过得非常幸福。这是他们从没体验过的人生。

过了一阵子后，女儿跟我说，独立生活之前那段时间是一个"转换期"。想到要去过从没想过的生活就很害怕，一心想着逃避的方法。等慢慢接受现实之后，那些害怕变成了好奇心和勇气。之前自己经历过的旅行也成了经验。每次想起自己两年前的旅行，就能相信自己一个人也可以过得很好。这次她还发现，当没人可以依靠，只有自己的时候，反而可以发挥出连自己都不知道的能力。因为跟爸妈一起生活的时候，只想永远当个小孩，这样的生活或许过得很舒适，但并不会幸福。

女儿一个人生活之后，没有谁可以帮忙，所有事情都必须自己解决。再加上租屋的地方离父母家也有段距离，很自然对自己的人生产生了责任感。搬家的第一天，水槽的排水口就故障了，女儿自己去五金店询问更换的方法，自己换好。购买书桌后，第一次自己组装，并对此感到非常满意。在家中，这些事情女儿一定会要哥哥或爸爸帮忙，如今自己亲自做之后才发现，其实根本一点也不难。自己成为家的主人后，就要管理家里所有的事。慢慢地，女儿发现原来自己会做的事情很多，连自己也感到不可思议。和父母住一起时，根本不会去在意的事，现在也会挽起袖子来做，也会为了节省电费和燃气费，调整冷气和暖气的温度。

我只帮儿女们付房租到去年十一月，从十二月开始他们就必须自己缴纳房租了。幸好儿子找到了自己想要做的工作，开始去公司上班了。女儿因为尚未找到工作，就先打工赚自己的生活费和租金。当女儿跟我说，她从十二月开始也可以用自己赚的钱支付租金时，我真的感到非常自豪和开心。"你做得很好，现在真的变成大人了。"

我认为作为一个成年人最基本的，是要能负担自己吃、穿、住的需求。生活所需的物品要自己赚钱买，自己要吃的饭也自己做。作为一个成年人得在经济上、心理上、身体上独立并对自己负责。

去年12月31日，独立生活之后的孩子们第一次回家过夜。那天晚上，大家轮流分享过去一年彼此的感受时，女儿是这样说的：

"我跟爸爸妈妈一起生活的时候，觉得自己并不需要努力打工，家务事也跟我没有关系。因此，根本不觉得生活很辛苦。那时候，如果问我：'为什么活着？'我也答不出来，甚至就算马上死掉的话，我对这个世界应该也不会有丝毫留恋。而现在，从打工到学习，生活上所有大大小小的事情，我如果不去做的话，就会活不下去，真的非常辛苦。但神奇的是，我现在反而对活着产生了依恋。不，应该说我想好好活下去。"

女儿独立生活不过六个月而已，却好像是过了好几年似的，从第一天到现在的每一天，都通过真正活着的自己深深记住这一切。听到女儿离开爸妈，一路上独自跌跌撞撞，但依然坚强生活的事，我眼眶里含着泪。

不管怎样，都要有自己的工作室

"无论如何，我都一定要有自己的工作室。"

我自己听起来，也觉得荒唐可笑。我特意要一间工作室要做什么呢？我不是有一个家了吗？室内舒适宽敞，可以清楚看到海景，视野极佳。家里还有设备齐全的厨房、卧室以及可以跟朋友聊天的场所。除此之外，我还有一座花园。我的家里并不是没有空间可以用来工作。对，因此我必须说出一件难以启齿的事情。我是个作家。我知道这个理由听起来极为荒谬，还自不量力，又装腔作势，根本无法说服任何人。我重新来说一次好了。我在写东西。这个理由听起来会比较好吗？我在写作。但说这个还不如不要说，因为听起来实在谦虚得太过矫情了。那怎么办呢？

这是诺贝尔文学奖得主爱丽丝·门罗（Alice Munro）短篇小说《工作室》中写的内容。我还记得自己在阅读这段文字时，整个人吓到了。因为那些内容完全写出了我想说的。

六年前，我曾经拥有过属于自己的空间。就像那段文字所描述的，当我想要拥有自己的空间时，也觉得荒唐和奢侈。"特意拥有自己的空间的理由是什么？"我想不出来。在家里不也有我的空间，那么必须特意在外面再找个空间的理由是什么呢？无论是谁听到，都会嗤之以鼻吧！我不是写文字的作家，连写东西的人也称不上，为什么也需要呢？

某天我在读报纸的时候，看到某位作家的报道。那位作家在自己家中已经有一个工作室，也有自己的房间，但还是特意去租了一个房间用来写作。读到这个故事时，我非常有感触。作家每个月花 16 万韩元[1] 租到一间小房间，而那个空间只用于写作。"哇，真好！"可是，我不是写作的人，我又不是需要写作空间的人，到底为什么会这么羡慕呢？于是我盖上了报纸，可是那篇报道一直缠绕着我。

"我如果也有那样的空间，该有多好。"即使我不写作，我也想在家之外有一个完全属于自己的空间，可以度过自己的时间。一个月 16 万韩元的话，我觉得为了自己可以花这笔钱。可是这么想又会觉得："为什么需要呢？要做什么呢？而

1　约合人民币 960 元。

且现在你又不会赚钱。"我自己也觉得这个想法太没道理了。

……我是为了写作。我马上意识到这听起来很不像话，简直就是随意胡闹。写作这事情，大家都知道只需要一台打字机，不然一支铅笔和几张纸，还有桌椅就可以了。这些在我房间的各个角落都有。即使如此，我现在还是渴望拥有一间工作室。

其实说真的，我也不太确定自己会在工作室里写什么。或许我只是坐在那凝视着墙壁。但就算是那样的时光，对我来说也不算坏。实际上，我喜欢的是"工作室"这个词听起来的感觉，有点尊严又气氛平和。感觉我从此就会立下鸿志，并做出一番大作为。但我不想跟丈夫说这些。于是我就开始夸张地大肆替自己解释。

就像爱丽丝·门罗所写的那样，我说我要写文章不过是天花乱坠的借口罢了。但在当时如果不这么说，也找不到其他借口了。我租了一个房间后，没有对任何人说。不只是朋友，连先生和家人都保密。整整十个月，那个空间成为我秘密的房间。

虽然我没有向任何人说，但更重要的是我说服了自己。

一开始我也无法理解，但可以为自己花 16 万韩元这个想法给了我力量。"我这样做真的可以吗？"虽然这样想，但还是抱持着"先找找看再说"的想法开始找房子。我真的怀疑用 16 万韩元是否可以租到一个空间。果然在家附近问到最便宜也要 18 万～20 万韩元。想要更好一点的话，需要 25 万～30 万韩元。而且我自己实际看了好几间房子，发现跟我想象的完全不一样。与其说是房间，倒不如说更像是单间牢房。回家后，我在网上查询其他租屋资讯。除了一般雅房、套房外还有个人的小办公室等各种空间可以租，而且价格并不会差太多。

有一天，我在家附近看到新盖好的套房挂着出租的牌子。因为好奇就进去看了看，房间内的设备齐全，且半地下室的房间只需要 30 万韩元。看过之后，我很想租下来。除了价格外，我真的非常喜欢那个空间。小小的房间内有小厨房、小厕所，还有书桌和椅子，真的什么也不用准备，只要人来就可以。这里跟我梦想的空间一模一样。我考虑了几天，原本预定 16 万韩元，我还负担得起，如今已经是双倍的价格了。可是为了我自己，我决定花这 30 万韩元。我马上和对方签了合约，租期一年。在合约书上签字时，我内心七上八下的，紧张得不得了。好像有人在我背后揪着我的脖子似的。

"我终于有自己的空间了。"可是比起开心，我更担心会不会因此惹出无端是非。甚至因为太过担忧，整夜都没睡。第二天，我就去打扫这间套房。这个三到四坪²的套房完全属于我这件事，还是让人难以相信。即使一夜没睡，打扫房间时，我一点也不觉得累。而且当天晚上还做了个美梦。睡觉时，我感觉到脸上肌肉似乎在动，可能太过开心了吧！即使在做梦还是能感受到我的脸因为微笑在颤动。起床后，我觉得自己做了对的决定。每天我都出门去只属于我的空间上下班。真的租了房子之后，我才知道自己为什么需要一个空间。

不管是怎样的空间，在那个地方都有只属于那个空间的能量，在家里就只有家的能量。公寓楼上住着公婆，我就是长媳。在家里我是主妇、妈妈、妻子、媳妇。我在潜意识中根据我的角色来行动。因此，在家里即使我坐在书桌前看书也很难集中注意力。身体虽坐在书桌前，可是家里每一个空间都不停地在呼唤我。就像幽灵般，我在家里到处走动，楼上的公婆家也得一天去好几趟。即使在书桌前坐上好几个小时，实际集中看书的时间不到一个小时。在家中时我并未发觉到这一点。就像水中的鱼无法感觉到水一样，我当时也完

2　坪是韩国面积单位，一坪约 3.3 平方米。

全没有察觉到自己处于怎样的能量空间。

离开家，到这里之后，我才发现有许多能量白白地流失掉了。在我的秘密房间中，只要我一进来，就能感觉到进入只属于我的能量空间。这空间能把各种要流失的能量阻挡住，完完全全地让能量集中在我身上。等我下午再次回到家的时候，身上充满了能量和力量。我在只属于我的空间内，被疗愈了。

我得到空间的日期是 2012 年 3 月 5 日。在两个月之前，我做了这样一个梦：

有一辆车停在加油站旁边，车子不断地漏油。

对于我来说，"停着的那辆车"象征着我辞掉工作正在休息的状态。2011 年底的时候，我把所有父母教育课程的工作全部停掉。汽油是车子的燃料，也表示能量。把工作都辞掉后，应该是属于充电的时候，可在我的梦中，车上的汽油却一直在流失。

表面上看起来，我的人生中有许多时间可以用来休息和充电。可事实上，看不到的能量却一直在流失。如果一直待在家里，很难发现我流失了什么。等到糊里糊涂地租了空间之后，我才明白那是什么。没有工作之后，我在家中得扮演各种角色，这让我更加劳心劳力。并不是说我在家里做了很多事情，而是即使我不想做，内心也做了超过负荷的事情。放下工作之后，觉得过去那段时间因工作而忽略了家务事和公婆，现在有时间了，应该更加用心去照顾。没想到这些想法严重压抑着我，让我更加疲惫。

刚开始的一两个月，我在那个空间内没做什么特别的事情。光想到这是只属于我的空间，就像去旅行的住宿一样感到兴奋。在那里我滚来滚去睡午觉，或是看电影、看书，时间一下子就过去了。心情又兴奋又平和。

艾德琳·弗吉尼亚·伍尔芙说过："所有女性都需要专属自己的空间。"这个只属于自己的空间指的不只是实际上的空间，也是女性心理上独立的房间。并不需要特意去准备一个房间，咖啡厅、汗蒸等也可以作为自己的空间，用以写作或阅读。

慢慢地，我在这个空间内，开始通过梦探索自己的内心或写些东西。因为在这里没有其他事会妨碍我，我可以集中注意力。在家的能量和在这个专属空间的能量是完全不同的。每天来到这里，我都可以重新获得能量。这里也是我跟先生提出离婚，以及从公婆家独立出来所需要的基地。

先生的幸福来自哪里

最近，我问先生他觉得最幸福的时刻是什么时候。丈夫的回答完全出乎我的意料。他说他最幸福的时候是当兵的那段时间。六年前，儿子要当兵时，可是带着世界上最沉重的表情入伍。他说军队跟外面世界完全隔离，而且必须绝对服从，完全没有自由的生活，这是他最讨厌的。在军队里，不管有多累，只能吃准备好的食物，做被要求做的事情，到了规定的时间，就必须去安排好的地方就寝。军队跟外面世界完全隔离，必须放下一切在这里度过三年的时间。可是对于先生来说，竟然是最幸福的时光。之前我也听他说过一两次，但当时只觉得无法理解，这次我认真地思考他说的话。为什么会这样呢？许多男人只要能够选择，绝对不会主动说要当兵，为什么对先生来说反而是最幸福的时光呢？

公公八十大寿的时候，姑婆曾调查祖父母直系的亲戚，并列了一份名单，算一算名单中居然共有五十六位亲友。这些全都是从爷爷奶奶延续下来的子孙，让我再次感到惊讶。

出生在大家族的先生，如命运般作为长孙来到这个世界。因为是长孙，自然得到不少好处，但同时也被赋予了相应的责任。"你是这个家的长孙哦！"他从小就是听这句话长大的，这是他无法选择的行李。必须成为这个家族支柱的责任感，从小就压在他的双肩上。

即使是还听不懂话的小孩，也能感受到这句话的分量。女儿出生的时候，儿子正好满十八个月。我生完老二住在医院的时候，儿子到医院来看我。当时，儿子已经三天没看到我了，一见到我，他就开心地跑过来讨抱抱。记得当时我对儿子这样说：

"你现在是哥哥了，要有大人样哦！"我以为儿子还小，应该听不懂妈妈说的话。

我们日常沟通是用语言来表达，但非语言的信息感受更强烈。梅拉比安博士（Albert Mehrabian）所提出的"梅拉比安法则"中指出，人们在沟通的时候，从语言得到的信息占百分之七，从语气和语调中得到的信息占百分之三十八，从姿态、态度、表情、手势等非语言中得到的信息占百分之五十五。也就是说，父母每天跟孩子们沟通时，使用语言表达不到百分之七，其他百分之九十三是通过语气、语调还有态度、姿态等来传达。

儿子从小就懂得照顾妹妹。他八岁时女儿刚读幼儿园。印象中，当时他们好像做错了什么，我打算拿起鞭子处罚。两人都感到害怕，女儿在被打之前就先哭了。我先打了几下儿子的小腿肚，等换到要打女儿时，没想到儿子跟我说：

"妈妈，妹妹的份也打在我身上可以吗？"

我听到这话，吓了一跳。虽然儿子是哥哥，可毕竟他也还是个孩子。哪个小孩愿意被多打几下？他怎么会想连妹妹的份也一起承受呢？我被儿子的心胸暖到了。这时候，站在旁边的妹妹听到之后，马上说："妈妈，请你打哥哥就好。"妹妹一副哥哥愿意代替她被打最好不过的态度。

儿子对妹妹的照顾和关心，无论是一起外出或是一起玩的时候都极为明显。邻居看到儿子以妹妹为优先并照顾她的模样，还感动得到我面前夸奖儿子。我每次听到这些话，都会十分开心和自豪。可是，另一方面心里也觉得，儿子也不过是个还不到十岁的小孩。

之后，当我知道儿子一直背负着身为哥哥的责任感时，感到非常内疚。"你现在是哥哥了，要有大人样哦！"这句话通过能量的波动传达给了儿子。即使是现在，儿子对妹妹的关心也不少于父母。有时候，甚至比父母还更替妹妹着想。但儿子啊，你并不是妹妹的父母，不要太过于替妹妹着想，你应该先照顾好自己才是。

我曾经上过认知心理学者金经日教授的课。教授做过很多心理学的实验，其中有一个实验是这样的：他把大学生们分成两个小组，给予不同主题，并要求他们在三十分钟内写出报告。A 组的主题是请组员写出过去一年发生在自己身上的事情，B 组的主题是写出过去一年发生在家人身上的事情。

三十分钟后，两组都写完了，教授马上对他们又提出下一个相同的问题。

"以后，你希望你的人生变成怎样？"

在实验的第一阶段，对 A 组来说，关键词是我，而 B 组的关键词是家人。而这个不同就在第二阶段回答人生价值时，表现出了极大的差异。

A 组的组员回答：希望自己的人生幸福、开心、满足、有成就感。B 组的回答则是想过着和睦的人生。也就是说 A 组希望自己的未来发生好事，但 B 组则希望我与他人能平安和乐地生活。

当别人提出"你要吃什么"的时候，只要说出自己喜欢的食物就可以。可是，当问题是"我们要吃什么"时，如果只回答自己喜欢的食物，往往会觉得自己是没礼貌的，而必须去思考双方都能够吃的食物。

在说我们的时候，一般都会先思考整体，而非个人。人们都讨厌被骂，也知道不可以给别人带来不方便。因此，比起追求个人想要的，更希望顺利地融入群体。

想想以上的实验，再回头看看先生成长的大家族环境。他是听着"你是我们家的长孙"这句话长大的。上面的实验中给予学生们的时间不过三十分钟。把想家人三十分钟和想家人三十年放在一起比较，就可以理解，为什么先生会觉得当兵的时候最幸福。因为内心的负担和责任比身体的疲累更加沉重。直到这时，我才理解了丈夫的想法。

或许有人会问："背负了那样的责任感，你做了什么吗？"我其实无法回答。因为我也没有特别做什么，就只是这样背负了二十三年长媳的重担。当我还没提出离婚，先跟先生建议搬家的时候，他也问我："你身为媳妇做过什么吗？"当时，我无法回答。但问题其实正是因为那个重担，才让我们什么也做不了。每天背着沉重的行李，就已经耗掉我们大部分的力量了。可以做什么的力量要从哪里获得呢？站在先生的立场来想，身为长孙虽然想要做什么，但是当现实中做不到的时候，还会产生罪恶感。对于先生来说，军队让他从大家族中摆脱出来，不再是长孙，只是一名军人而已。每天完成交代的训练和任务后，只有身体会感到疲惫。因为入伍的关系，跟外面世界（大家族）的联系中断了，他也就可以放下名为长孙的负担。也就是说，先生说他在军队过得最幸福的意思是，当他摆脱大家族长孙这个沉重责任时，才觉得可以过着自由且幸福的人生。

在马戏团里，小小的马桩就能拴住高大的大象。大象也不会逃跑，会乖乖待在原地。虽然只要大象一抬脚就可以轻易甩掉马桩，可是它好像被绑在巨大岩石上似的完全不会反抗。因为大象从小就被绑在上头，当它还是小象，第一次被绑着的时候，会本能地想要逃脱，但当它无论怎样挣扎还是失败后，便会放弃。"无法从这里逃出去"的想法，生根在小象心里。就这样小象慢慢长成了大象，但马桩大小没有变。身体长大了的象，还是无法摆脱小小的马桩，因为在大象的心中，那个马桩依然是块巨大的岩石，而自己依然是头胆小的小象。

大象的马桩同样存在于我们的人生中。对于先生来说，长孙就是那个在大象眼中如同巨大岩石的马桩，沉重到自己都认为绝对不可能摆脱。

可是大象也有甩开马桩逃脱的时机。某次，马戏团内起了大火。大象如果不逃就会被烧死，于是它拼命甩掉马桩，最后逃跑了。如果没有那样的危机，大象一辈子就会被马桩困住。

从幻想的爱情中醒过来

我跟先生相遇后，一直到结婚前，大约一年九个月的时间，我们每天都见面。交往没多久，我心里就知道："嗯，就是这个人了！"我们在潜意识中看到彼此幻想的模样，坠入了爱河。

先生把他所有的心思和热情全用在了我身上，对我充满爱和关心。我们即使每天见面，还是会时常想念对方，每天都有说不完的话。当时因为跟他谈恋爱，我因父亲早逝而脆弱的心也变得坚强了，丈夫也用满满的爱填补了我内心的空虚。像这样的爱情，可以跟着这样爱我的人生活的话，应该一辈子都会很幸福吧！对于先生来说，或许也在潜意识中期待我可以跟他一起分担长孙的责任和义务。如同自己的母亲那样，当一个牺牲和奉献的长媳，且对先生无条件奉献的女人。彼此的幻想就像磁铁般吸引着对方，那是用无法言喻的魅力包装而成的幻想。

精神分析学者罗伯特·A.约翰逊的作品《我们——了解浪

漫之爱的心理学》(*We：Understanding the Psychology of Romantic Love*) 中针对人性的爱和浪漫的爱之间的差异这么说：

> 浪漫本质上绝对是出于利己主义（egoism）。因为浪漫不是为了爱其他人。（中略）浪漫的爱是把对方看成电视剧中扮演某个角色的人。男人的人性的爱是希望女性可以完全独立生活，鼓励女性成为真正的自己。相反的，浪漫的爱是希望对方成为自己想要看到的样子，期待对方跟自己的阿尼玛或阿尼姆斯[1]是一致的……当对方符合自己投射的理想形象时，才会爱上她（他）。也就是说，浪漫的爱是无法爱那个人原本的样子。

　　先生的出现，弥补了我父亲的空位。而先生遇到我之后，希望我可以像她的母亲那样，当一个牺牲奉献的女人，跟他一起坐在长孙的位子上共同承担责任。不可能成真的幻想，从结婚那刻起就直奔悬崖而去。我们从错觉中觉醒过来。先生不管再怎样努力，也不可能代替我已经过世的父亲；而我

1　阿尼玛（anima）是男人潜意识中的女性性格，也是男人心目中女人的形象。阿尼姆斯（animus）则是女人潜意识中的男性性格与形象。

不管再怎样努力，也不可能成为像婆婆那样牺牲的妻子。我们感觉被对方骗了，于是开始吵架。为了满足潜意识的欲望，且找到那个没有答案的答案，我们不停地吵架。越是争吵，让先生越想往外跑，在外面找寻其他的幸福作为补偿。而我为了让先生回家，更加努力成为先生想要的妻子。

从幻想开始的恋爱、结婚，到最后只会剩下痛苦和死亡。浪漫是"必然走向痛苦的绝望，也绝对不可能成真"。[2]

结婚之后，先生认为从今往后我和他是一体的，再也不对我表示关心。他认为他的意思就是我的意思，所以总是随心所欲地对我。直到我提出离婚时，他才从漫长的梦中惊醒过来。这件事把对夫妻关系愚昧无知的先生唤醒了，他就像被超级大的锤子狠狠敲到似的，猛然回过神。直到现在，他总算明白，夫妻是完全不一样的个体，也了解了我在成为他的妻子之前，也是一个独立的个体。做夫妻并不是为了把对方变成跟自己一样，而是关心并理解彼此不同之处，尊重对方原本的样子。先生总算打破了"夫妻是一体同心"的执念。

2　出自罗伯特·A. 约翰逊《我们——了解浪漫之爱的心理学》。

　　我们通过彼此来满足潜意识的欲望，才是问题所在。我希望从先生那里得到过去从父亲那里得到的关心、认可和指示。他希望通过妻子持续得到从母亲那里得到的无条件奉献。我们只是"大人模样的小孩"，没有真正变成成年人。误以为自己想要的可以持续由对方来满足，就这样陷入恶性循环。如果我们没有看破欲望的假象，不断跟对方提出不可能成真的要求，是不可能看到对方的真实样子的。

　　从现在起，我们必须努力不要忘记"丈夫不是妻子的父亲""妻子不是丈夫的母亲"。彼此都要睁大眼睛看清楚对方原本的模样。

　　有一天，从幻想中醒过来的男性（女性），会发现自己所爱的女性（男性）是不可能解决自己的问题，也帮不上忙的。同时也觉悟到不管对方再怎样努力，也无法使自己的人生永远幸福。

　　真正的婚姻是从浪漫的幻想中醒来，各自独立生活，并接受彼此原本的样子后才开始。

越能接受对方，关系就越近

两年前，阿姜布拉姆法师（Ajahn Brahm）在韩国访问时，针对夫妻的关系讲了以下一则故事：

有一对新婚夫妻正在争吵。原来，窗外突然传来嘎嘎的叫声，妻子听到后觉得是鸡在叫，但丈夫却认为是鸭子叫。吵到最后，妻子居然大哭起来。丈夫虽然还是觉得应该是鸭子在叫，但是看到哭得如此伤心的妻子，心中实在不舍。于是，丈夫对妻子说："亲爱的，对不起，是我听错了，窗外一定是鸡的叫声。"丈夫是因为害怕才这样说吗？不，丈夫说完的瞬间就领悟了。重要的不是那个是鸡或鸭，而是夫妻间的和睦和理解。不管自己说的话有多么正确，让妻子流眼泪的话，那么这个世界就不美好了。常识是随时都可能改变的。

只要基因变异的话，鸡也有可能会发出嘎嘎的叫声。[1]

法师说："理解对方的心，比起判定彼此的意见或想法谁对谁错更重要。"

瑞克·布朗的作品《意象夫妻关系治疗：理论和案例》（*Imago Relationship Therapy：An Introduction to Theory and Practice*）中提到，在童年时期，自己塑造出来的监护人意象，在成人之后会成为选择配偶的基准。Imago 是拉丁文，意思就是形象。意象夫妻关系治疗是通过治疗彼此童年时的创伤和未解决的事情，进而改善夫妻关系的方法。据说，在彼此伤害的夫妻对话中，可以找到两个共同问题。一个是不听对方在说什么，另一个是用对方听不懂的方式说话。

许多人在生活中会感觉痛苦，是因为自己没有诉苦的对象，有些话甚至连对亲近的人也无法说。也就是说，只要有人愿意倾听，就可以减轻痛苦。夫妻关系中，只要肯听对方说话，就能让两人关系越来越亲密，这就叫作"倾听的治疗"。

1　李吉右，《迷上九年来一次也没生过气的僧侣的道行》，《韩民族日报》，2015 年 10 月 7 日。

在意象夫妻关系治疗里提到，"这个治疗方法的特别之处是，当配偶好好倾听自己说话时，说话者就能感受到自己被接受。当感觉被配偶无条件接受时，说话者也可以接受原原本本的自己，这就是治疗的核心。好好倾听的那一方就是帮配偶治疗的桥梁。因此，认真倾听是夫妻给予对方最珍贵的礼物。"[2]

结婚之后，先生在不知不觉中把婆婆的标准套在我身上，认为所谓的妻子就是要牺牲和奉献，所以才会无法理解我。他不只不听我说话，还认为那样的我是自私的，而我也一直用他听不懂的方式跟他沟通。

直到我对他说再也无法和他一起生活，提出离婚时，他才回头检视自己过去的行径。要听见我的话，他就必须打开自己的耳朵。只有认真听背负着重担的我的故事，他才能意识到原来我跟他是不同的个体。先生跟我说，他认为我跟他是共同体，所以才会觉得不需要再听我说什么。

先生听完我过去生活的心情，觉得很后悔。"我为什么当年完全没想到你的立场？只要多了解一些你的心就好了……"

---

2 出自韩吴智银《情人关系治疗中幼年创伤治疗之重要性：以意象夫妻关系治疗和内在幼儿的治疗模本为重心》。

他可能因为太过难受和内疚，说不出来话。他说自己如果早点注意到的话，或是多关心我一些的话，就不会让我长时间来，过得这样辛苦。先生真心地对我表示抱歉。

他愿意敞开心扉听我说话，似乎同时治疗了现在的我和过去那个痛苦的我。而且我也感觉到，他接受了原原本本的我。这也表示他重燃了对我的爱，我们之间再次有了联结。

之后，先生更加认真倾听我说话，我也开始从他身上得到理解和认同。我们沟通时，他不再只会否定或责备我，而是开始说理解、认同和肯定我的话。

当然对于我说的话，他也不是全部都能理解和认同。这时，他也会明白地告诉我。但慢慢地，他养成了先改变自己想法的习惯。每当这个时候，他会想："如果我是妻子的话，会怎样呢？"他说只要换个立场，他就比较能理解了。

先生最惊人的变化是态度。过去自我主义很强的他，开始站在我的立场设想。对于他的改变，我简直无法想象。慢慢地，他开始用温和且同理的态度面对我，这时，我反而会怀疑他真的是我的先生吗？

可惜的是，我们没有更早就改变。明明具备改变的能力，但因为无知和恐惧而没有勇敢改变，也没有努力去找寻好方法。

电影《星际穿越》在一号星球中，一不小心就让二十三年的岁月流逝了。我永远都忘不了电影主角因这个荒谬的失误而遗失二十三年的表情。那个场面我感同身受。结婚之后，我跟先生也是因为活在不同星球，让二十三年的光阴消逝了。

优先照顾好自己

这是一行禅师《活得安详》（*Being Peace*）这本书中的故事：

有一对从事杂技工作的父女。在表演时，父亲会把长长的竹竿放在自己的额头上，让女儿爬上竹竿的顶端。两个人靠着表演生活，而钱通常只够用来买米或咖喱。有一天，父亲对女儿说："亲爱的女儿，我们一定要照顾好彼此。你照顾好我，我也会照顾好你，只有这样我们在表演中才会安全。因为我们的表演实在太危险了……我们只能把彼此照顾好，才能持续赚钱养家。"

女儿听了回答："爸爸，在表演的时候，请你照顾好自己。爸爸只要照顾好自己就可以了。你一定要集中注意力，不可以晃动。这就是在帮我的忙了。而我在爬上竹竿的时候，一定也会照顾好我自己。我得小心翼翼地爬上去，竭尽全力不发生丝毫差错。爸爸照顾好自己，我也照顾好自己。这样的话，我们才能维持生计。"

当我们努力把自己照顾好时，反而让彼此可以生活得更好。先把自己照顾好和自私是两回事。每次搭飞机时，有件事总会让我感触良多。飞机起飞前，空姐会指导乘客，万一飞机遇到紧急状况，该如何戴氧气面罩。此时她们会特别强调，请大家先自己戴好氧气面罩，再去帮助旁边的人。即使旁边坐的是自己的小孩也一样。只有这样做，才可能在紧急状况发生时，彼此都能活下来。这一点也适用于所有人际关系，健康的婚姻生活更是如此。只有两个人都过得很好的时候，才适合结婚。拥有独立的经济能力和自己可以做饭给自己吃的生活能力是婚姻的基础。首先有能力对自己的人生负责，同时把自己照顾好的两个人相遇时，才可能拥有健康美满的夫妻关系。

我遇到先生之后，因为希望可以二十四小时都和他生活在一起才结婚的，我希望时时刻刻都跟这个男人在一起。婚前没有这个男人就活不下去的感受，没想到婚后变成因为这个男人，我实在活不下去了。这是因为我对先生充满了期待和幻想。我以为只有跟他在一起的时候才会幸福，我把自己的幸福寄托在他身上了。现在我才知道，认为夫妻所有事情都要一起做的想法，是极为危险的。

有一对十五年来公认的模范夫妻，最近妻子因为外遇而寻求咨询。妻子表示自己依然深爱着丈夫，没有先生的话，她是绝对活不下去的。可是，她也无法跟正在交往的男人分手，因此她十分痛苦。

在咨询的过程中妻子表示，她一直认为夫妻是一体的。所以她忍受先生对自己的不合理行为，一直根据先生期望的方式生活。太太认为自己是因为爱才会这么做，但生活中有着太多忍耐。误以为先生喜欢的食物、音乐，甚至连电视节目都跟自己一样，两人非常契合，其实先生跟自己截然不同。长久下来，只是产生了先生喜欢的东西，正好自己也喜欢的错觉。自己被巧妙地欺骗了，只不过是在配合先生而已。相反的，正在交往的男人，会想知道她内心深处真正喜欢或想要的是什么。男人会持续地问，耐心地等待答案。经过好几次尝试，女人终于知道自己真正喜欢的是什么。女人可以理解自己为什么如此深爱新交往的男人。因为这个男人跟自己的先生不同，他会照亮且等待女人发现真正的自己。

在电影《弗里达》中，我对剧中两栋房子留下深刻印象。

这是同为画家的夫妇弗里达（Frida）和迪亚哥（Diego）的房子。丈夫迪亚哥的房子是粉红色，妻子弗里达的房子则油漆成蓝色。两栋房子的三楼通过一座桥连接起来。两个人在各自独立的家里画画，想见彼此的时候，就走过桥去找对方。这两栋连接在一起的房子，对于我来说，就像梦幻中的房子。

虽然我没有这种有桥作为连接的房子，但我跟先生已经分开生活十个月了。用最近的流行话来说，就是"卒婚"，也就是以前说的分居。从家里搬出来的我一周回去一两次。从四年前开始，每个星期六定为夫妻日，我们会一起外出。我回家的时候，先生会做饭给我吃。餐点并不特别，就是汤跟饭，再搭配上泡菜等小菜。即使如此，我还是怀着感恩的心用餐。先生做饭给我吃，即使只有一样菜，我还是十分感动，只是煮个泡面配饭也心怀感谢。比起餐桌上的山珍海味，最重要的是夫妻一起用餐时，我可以感受到满满的幸福。

因为十个月的分开生活，摆脱了长久以来附加在夫妻身上的角色，练习完完全全过一人份的生活。儿女到了我们夫妻结婚的年龄时，也各自搬出去住，练习过着一人份的生活。因此，全家人都可以练习成长。

在意识的旅途中，痛苦是不可避免的。想要改变，就必须付出代价。痛苦无法逃避，无论怎样挣扎也绝对不可能成功，伴随而来的还有不幸……意识到自身的痛苦虽然残忍，但想要产生变化，有意识地、自发地接受痛苦是唯一的方法。想要逃避的话，只会永无止境地在业的转轮上转个不停而已，最后什么都没有。[1]

毛毛虫在虫茧内经过无数次挣扎之后，才能脱离厚厚的茧破壳而出，变成美丽的蝴蝶重生。有一次，我在电视上看到某位昆虫学者因为体恤毛毛虫的辛苦，想要帮助毛毛虫破茧。通过他人帮助走出虫茧的蝴蝶踉踉跄跄，根本无法飞翔，不久后就死了。据说小鸡在破壳而出的时候，如果有人在外面帮忙敲破蛋壳的话，小鸡反而会死掉。无论是毛毛虫、小鸡，还是人类，只有通过自己的力量觉醒，才能健健康康地活下去。因为不忍心它们忍受破壳的痛苦而伸出援手，反而会变成扼杀它们的凶手。只有自己经历过痛苦后成长，人生才会真的产生变化。

我们再回到最初那个故事，我想把耍杂技的父女的故事讲给先生听。我想对先生说："亲爱的，你要尽力照顾好自己，

---

1 引自罗伯特·A. 约翰逊《我们——了解浪漫之爱的心理学》。

我也会尽力照顾好自己，只有这样，你和我才能作为夫妻一直和睦地生活下去。"我也想对儿女说："当彼此都能照顾好自己的时候，才能有美满幸福的家庭。"

　　我期待大家变成蝴蝶活着。

后　记

　　刚过完新年，我就收到女儿的短信。她说梦到自己怀孕生子了，难以想象的怀孕在梦中如同现实般。八至十个月后，她生下了一个蛋。大约过了一两天，那颗蛋就像水蒸气那样冒出温热的烟雾，接着一个小孩就出生了。人从蛋中出生？简直就像传说一样，这个梦真的太过神奇了。女儿说，在梦中从此这个小孩变成了自己人生的重心，感觉他是世界上最重要的人。

　　这时候差不多是她离开父母独立生活满六个月的时候。长久以来像是虫茧内毛毛虫的女儿总算重生了，我真的非常感动。她不再只是父母的女儿，如此神秘且神圣地以自己的样貌重新诞生。

　　因为不跟父母一起住，跟父母连接的脐带好像也断了，就如同需要重生一般，女儿做的这个梦再次确认了这件事。

在上父母教育课程时，我才了解到，父母给予子女最大的礼物是：自己从父母传承下来的阴影不要再传给子女。但这不是件容易的事情。我们很难发现自身的阴影，但为了小孩，不能再不当一回事了。这个如同命运般的影子，我们要去看清楚它，然后改变自己的人生。必须持续去观看那个影子，这也是作为父母决不能偷懒，务必要做的事情。

对于收到媳妇辞职信的公婆，我真心感到抱歉。公婆作为家族的长辈一直尽心尽责地照顾着大家，而且是受人滴水之恩，必会涌泉相报的人。我从公婆身上学习到身为一个成人，要豁达大度，宽容待人。

我对先生真心表示感谢。他没有选择离婚，而是选择改变自己，这是一件极为困难的事。我们陆陆续续遇到了好几次危机，可是每次先生都选择改变自己。正因为他的改变才给我们家带来了希望。有一天，女儿说："我还以为人是绝对不可能改变的，但看到爸爸改变的样子，我相信自己也能够改变。"

我们一起慢慢解决夫妻间累积成堆的问题后，彼此关系改善了，生活也过得更加平和。这些对于儿女来说也是种礼物。因为先生的勇气，才让我们家人没有各分东西，而且还各自获得了重生。

　　还有，我重要的女儿和儿子，虽然是我生了你们，但我也是因为有了你们，才从小孩重新成为大人。我们夫妻是养育儿女肉体的父母，但孩子是养育我跟先生灵魂的父母。我们彼此养育着对方，同时努力对自己负责后，才成长为大人。我对我的灵魂父母，也就是我的儿女也深深表示感谢。

　　最后，我想对杰里米·泰勒老师表示感谢。这本书会诞生的契机是 2012 年的夏天，我参加了老师最后一次拜访韩国举办的"杰里米梦的研讨会"。听到我的梦之后，老师让我一定要把自己的故事写出来。伴随着强烈抗拒和强烈共鸣，最后还是完成了这本书，但同时也听到不幸的消息。新年 1 月 1 日婆婆过世了，1 月 3 日杰里米老师也过世了。我对杰里米老师说的最后一句是"Thank you, J"。我永远无法忘记老师充满尊重和关爱的眼神，杰里米老师比任何人都对这本书的出版感到开心。谢谢杰里米老师！我要对您献上我的谢意。

附 录

镜子练习

镜子练习1　宽恕自己的方法

　　回想梦中出现的自己所讨厌的人，或是想一下现在内心
不喜欢的人。

1. 请写下我讨厌那个人的三件事情。

_____

_____

_____

2. 把主语换成自己。

_____

_____

_____

3. 我是在何时、何地会有那个样子或行为呢?

_____

_____

_____

4. 我为什么会有那个样子(行为)呢?

_____

_____

_____

5. 我真心想要改变吗?

_____

_____

_____

_____

6. 那么，请写出一个可以执行的行动。

_____

_____

_____

_____

镜子练习2　发现内在的力量

回想在梦里出现的人中，自己所羡慕的优秀或厉害的人。

1. 写出三件那个人让你羡慕的特质或喜欢的个性。

_____

_____

_____

2. 看镜子：把对方的样子换成我。

_____

_____

_____

3. 理解自己：没办法那样做（或不做）的理由是什么？

_____

_____

_____

4. 我什么时候曾表现过我所羡慕的那些特质或行为？

_____

_____

_____

5. 我要怎样做呢？

允许：_____

我具有_____

_____

_____

　　　　　　的资格。从现在起，我要接受这个事实。
_____

行动：

_____

_____

_____

_____

_____

镜子练习3　从内心开始解脱

回想让自己痛苦，或是厌恶的人。

1. 请写下在那个人身上，我所厌恶的三件事。

_____

_____

_____

2. 我每次看到他的时候，内心产生的批评声音是什么？每次有这些声音时，我的感觉（态度）是什么？

请写下那些批判性的想法。

请写下自己的感觉（态度）。

_____

_____

_____

_____

_____

_____

3. 镜子方法：把那个人的样子换成自己。

_____

_____

_____

4. 我什么时候会有那些样子，会做出哪些行为？

_____

_____

_____

5. 观察，请写下看到的故事。

通过观察，看到的感觉是什么呢？

_____

_____

_____

_____

6. 我要怎样做呢？

_____

_____

_____

_____

_____

图书在版编目（CIP）数据

媳妇的辞职信 /（韩）金英朱著；刘小妮译. —— 北
京：北京联合出版公司, 2019.6
ISBN 978-7-5596-3177-0

Ⅰ. ①媳… Ⅱ. ①金… ②刘… Ⅲ. ①女性 – 成功心
理 – 通俗读物 Ⅳ. ① B848.4-49

中国版本图书馆 CIP 数据核字 (2019) 第 071729 号
著作权合同登记 图字：01-2019-1999 号

媳妇的辞职信

项目策划	紫图图书 ZITO®		**监 制**	黄 利 万 夏
作 者	[韩] 金英朱		**译 者**	刘小妮
责任编辑	宋延涛		**特约编辑**	申蕾蕾 常晓光
版权支持	王福娇		**装帧设计**	紫图装帧

北京联合出版公司出版
（北京市西城区德外大街 83 号楼 9 层　100088 ）
天津中印联印务有限公司印刷　新华书店经销
120 千字　880 毫米 ×1230 毫米　1/32　7.75 印张
2019 年 6 月第 1 版　2019 年 6 月第 1 次印刷
ISBN 978-7-5596-3177-0
定价：49.90 元